Ernst Peter Fischer ist ein Experte im unterhaltsamen Beantworten von Fragen, die uns Menschen fast zwangsläufig in den Sinn kommen, wenn wir unsere Umwelt und uns selbst aufmerksam und neugierig beobachten. Für dieses Buch hat er nicht nur die Fragen ausgewählt, die ihm am häufigsten in seiner Karriere als Wissenschaftshistoriker und Buchautor gestellt worden sind, sondern die zu beantworten er auch am reizvollsten findet.

Anschaulich führt er vor, dass sich aus der Beantwortung von Fragen weitere Fragen ergeben, ohne dass das Fragen jemals zum Abschluss kommt. Das ist der Kern von Wissenschaft. «Warum funkeln die Sterne?» ist ein so leicht wie vergnüglich zu lesendes Kompendium in fünf Kapiteln mit wissenschaftlichen Erklärungen der Wunder unserer Welt.

Ernst Peter Fischer ist Physiker und lehrte als Professor an den Universitäten Konstanz und Heidelberg Wissenschaftsgeschichte. In seinem eindrucksvollen Œuvre fand das Werk *Die andere Bildung* (2001) größte Beachtung und wurde zu einem wahren Wissenschaftsbestseller. Im Verlag C.H.Beck ist von ihm lieferbar: *Das wichtigste Wissen. Vom Urknall bis heute* (2020); *Die Stunde der Physiker. Einstein, Bohr, Heisenberg und das Innerste der Welt* (²2022).

* *

Ernst Peter Fischer

Warum funkeln die Sterne?

*

**Die Wunder der Welt
wissenschaftlich erklärt**

C.H.Beck

* *

Die drei Gedichte von Erich Kästner wurden mit
freundlicher Genehmigung des Atrium Verlages entnommen aus
dem Band «Kurz und bündig. Epigramme». © Atrium Verlag,
Zürich 1948 und Thomas Kästner

Originalausgabe
© Verlag C.H.Beck oHG, München 2023
www.chbeck.de
Umschlaggestaltung: www.geviert.com, Michaela Kneißl
Umschlagabbildung: © Shutterstock
Satz: C.H.Beck.Media.Solutions, Nördlingen
Druck und Bindung: Pustet, Regensburg
Printed in Germany
ISBN 978 3 406 79791 0

myclimate

klimaneutral produziert
www.chbeck.de/nachhaltig

* *

Inhalt

Zum Anfang * 9

1. Die Farben der Dinge * 16

2. Der Blick zum Himmel * 49

3. Aus dem Leben der Menschen * 86

4. Rätselhaftes aus der Wissenschaft * 136

5. Alltägliche Kniffligkeiten * 174

6. Das Fragen nach der Wahrheit * 210

«Sag mir, warum!» * 221

Zum Schluss * 223

Anhang
Einige Antworten auf offene Fragen im Text * 225

Danksagung * 228

Anmerkungen * 229

Literaturhinweise * 232

Statt eines Registers: Verzeichnis der
wichtigsten Fragen * 236

* *

* *

Erich Kästner
Ein Epigramm: Sokrates zugeeignet (1967)

Es ist schon so: Die Fragen sind es,
aus denen das, was bleibt, entsteht.
Denkt an die Frage jenes Kindes:
«Was tut der Wind, wenn er nicht weht?»

*

Heinrich Heine
Buch der Lieder (1827)

Fragen
Am Meer, am wüsten, nächtlichen Meer
Steht ein Jüngling-Mann,
Die Brust voll Wehmut, das Haupt voll Zweifel,
Und mit düstern Lippen fragt er die Wogen:

«O löst mir das Rätsel des Lebens,
Das qualvoll uralte Rätsel,
Worüber schon manche Häupter gegrübelt,
Häupter in Hieroglyphenmützen,
Häupter in Turban und schwarzem Barett,
Perückenhäupter und tausend andre
Arme, schwitzende Menschenhäupter –

* *

Sagt mir, was bedeutet der Mensch?
Woher ist er kommen? Wo geht er hin?
Wer wohnt dort oben auf goldenen Sternen?»

Es murmeln die Wogen ihr ew'ges Gemurmel,
Es wehet der Wind, es fliehen die Wolken,
Es blinken die Sterne, gleichgültig und kalt,
Und ein Narr wartet auf Antwort.

*

Franz Kafka
Tagebuch, 27. Oktober 1911

Sitte, gleich nach dem Erwachen die Finger dreimal
in Wasser zu tauchen, da die bösen Geister sich in
der Nacht auf dem zweiten und dritten Fingerglied
niederlassen. Rationalistische Erklärung: Es soll
verhindert werden, daß die Finger gleich ins Gesicht fahren, da sie doch im Schlaf und Traum un-
beherrscht alle möglichen Körperstellen, die Ach-
selhöhlen, den Popo, die Geschlechtsteile, berührt
haben können.

* *

Zum Anfang

Ein Narr vermag mehr Fragen zu stellen, als sieben Weise beantworten können, heißt es in einem Sprichwort: Es drückt mit diesen Worten eine vertraute Erfahrung aus. Der «Jüngling-Mann», den Heine wehmütig am wüsten Meer auftreten lässt, müsste wirklich ein Narr sein, wenn er meint, es gebe erhellende oder gar erlösende Antworten auf die großen Fragen, die er in die Dunkelheit hineinbrüllt. Wer soll denn verbindlich sagen können, was das ist, dieser Mensch, der da zum Himmel aufschaut und etwas über die Sterne wissen will? Selbst der Philosoph der Aufklärung, Immanuel Kant, hat dazu lieber Fragen formuliert.[1] Wer weiß denn zuverlässig, woher dieses grübelnde, rätselhafte, neugierige und kopflastige Lebewesen auf zwei Beinen im Laufe einer evolutionären Entwicklung gekommen ist und wohin es an seinem unvermeidlichen Ende gehen will und kann? Und wer traut sich, dem Narren zu gestehen, dass nach der Antwort noch immer gesucht wird?

In der Literatur zirkuliert ein namenloses Gedicht mit einer jahrhundertealten Vorgeschichte, in dem die nächtlichen Fragen von Heines Jüngling in den ersten drei Zeilen persönlich gewendet werden, bevor die Verse einen Dreh ins Lebensernste nehmen und den Gemütszustand von einem vielleicht ahnungs-, aber nicht hoffnungslosen Menschen in Frage stellen. Das Gedicht lautet so:[2]

Ich komme, ich weiß nicht, von wo?
Ich bin, ich weiß nicht, was?
Ich fahre, ich weiß nicht, wohin?
Mich wundert, dass ich so fröhlich bin.

Früher wurde diese gefällige Fröhlichkeit in Kirchenkreisen genutzt, um einem hohen Herrn im Himmel für dieses Glücksgefühl zu danken. Doch heute möchte man nüchterner und säkularer orientiert verstehen, warum manche Menschen sich gerade dann freuen, wenn sie vor offenen Fragen oder rätselhaften Erscheinungen in der Natur stehen und sich wundern können.

Urknall mit Ursachen

Fröhlich und freudig erregt – in dieser Stimmung befand sich der junge Albert Einstein, nachdem er Kants Erkundigungen nach den Anfängen von Raum und Zeit im frühen 20. Jahrhundert aufgenommen hatte, um sie den Philosophen zu entziehen und ihnen mit den Mitteln der Naturwissenschaft eine besondere Wendung zu geben. Einstein konnte aus den *zwei* Fragen der Philosophie *eine* der Physik machen. Er vermochte zu zeigen, dass Menschen nicht in einem (absoluten, also abgelöst gedachten) Raum leben, durch den unabhängig die (ebenfalls für absolut gehaltene) Zeit fließt, wie von Isaac Newton vorgeschlagen und von Kant philosophisch abgesegnet worden war. Einstein konnte vielmehr demonstrieren, dass das kosmische Zuhause der Erdenbürger eine relative Raumzeit ist, die dem Kosmos vier

Dimensionen verleiht – drei für den Raum und eine für die Zeit. Man kann fragen, wie Einstein auf diese Idee gekommen ist und wie die Stimmigkeit seiner Überlegungen bewiesen werden konnte; dieses Buch wird dazu Auskunft geben.

Eine erstaunliche Konsequenz aus der für die Anschauung unzugänglich bleibenden Raumzeit besteht darin, dass sich mit ihrer Hilfe etwas über den Anfang der Welt sagen lässt, und zwar etwas überraschend Einfaches nach all den Komplikationen zuvor. Für diesen Anfang am Beginn der Zeit kann die Wissenschaft nämlich nach Einsteins Vorgaben einen Ausgangspunkt – wörtlich aufgefasst – angeben und benennen. Sie bezeichnet ihn als «Singularität»; im Volksmund wird er «Urknall» genannt, wobei dieser populäre Ausdruck das hübsche englische Original «Big Bang» übersetzt. Allerdings: Der britische Physiker Fred Hoyle, auf den der Ausdruck «Big Bang» zurückgeht, wollte mit seinem Wortspiel anzeigen, wie albern er so eine knallige Vorstellung fand. Auf Deutsch könnte man seine Haltung mit «Riesen Rumps» ausdrücken, wenn man sowohl die Alliteration als auch den Witz retten will.

Was auch immer beim Big Bang passiert ist, beim Betrachten des dazu nötigen physikalischen Geschehens fallen den Beteiligten aus der Wissenschaft vor allem ungeklärte und unerklärte Abläufe etwa bei den Umwandlungen der Energien ein, die sich unentwegt vollziehen müssen und nie zum Ende kommen. Es gibt namhafte Physiker, die bei aller Attraktivität und Popularität eines Urknalls skeptisch bleiben, die allmählich an dem ganzen Szenarium zweifeln und sich nicht scheuen, Heines Narr auftreten und ihn sagen zu lassen: Wer die Welt mit einem Knall beginnen lässt, der hat selbst einen. Jedes Entstehen von Raum und Zeit – und auch von Materie – bleibt bei allen Fortschritten der Physik geheimnisvoll, und genau das sorgt für das, was Einstein an der Wissenschaft gefällt und ihm Freude bereitet. Sokrates und Kant können klagen, solange sie wollen.

Einstein hat für sich etwas anderes erfahren; er weiß: «Das Schönste, was wir [die Menschen] erleben können, ist das Geheimnisvolle. Es ist das Grundgefühl, das an der Wiege von wahrer Kunst und Wissenschaft steht.»[3] Und weil das so ist, wundert sich Einstein nicht, dass er fröhlich ist, wenn er die Dinge zu verstehen versucht und über sie nachdenkt. Er wundert sich vielmehr über Menschen, «die sich nicht mehr wundern, nicht mehr staunen» können.

Wer sich in der Geschichte der Physik umsehen konnte, hat sicher von dem schönen Satz gehört, den der große Isaac Newton geschrieben hat, nachdem er auf die Ideen gekommen war, die sich in den Bewegungsgleichungen zeigen, die heute in den Schul- und Lehrbüchern stehen. Mit Newtons Gesetzen zeigten sich Menschen erstmals in der Lage, das Umlaufen von Planeten am Himmel präzise zu verstehen. Aber der berühmte Mann blieb bescheiden. Newton meinte nach seinem historischen Erfolg, er komme sich vor wie ein kleiner Junge, der am Strand eine Muschel findet und sich darüber ausgelassen freut, während er zugleich den Ozean vor Augen hat und damit weiß, dass er in seiner enormen Ausdehnung und Tiefe noch unerforscht vor ihm liegt und die Neugierde nicht zur Ruhe kommen lässt. Das Geheimnisvolle zu spüren, wird auch hier zu dem Schönen, das einen Menschen fröhlich werden lässt. Vielleicht gehen Menschen deshalb so gerne am Strand spazieren. Mit dem Blick auf die Wellen und den Horizont ahnen sie etwas von der Unendlichkeit, die in der Welt mit ihren Geheimnissen steckt und sie anlockt.

Der Stern, der vom Himmel fällt

Nicht nur große, sondern selbst einfache Fragen führen selten zu einer einzigen und klaren Antwort, mit der dann alles geklärt – aufgeklärt – ist. Vielmehr können oftmals mehrere Erwiderungen oder Erläuterungen gleichberechtigt nebeneinander bestehen, wie auch Kafka in seinen Tagebüchern feststellt. So selbstverständlich dies ist, es bedeutet nicht nur nebenbei, dass nach jeder erläuternden Feststellung weitere Fragen auftauchen, deren Antworten dann dasselbe Schicksal erfahren, wie in den Zeilen zu lesen ist, die Erich Kästner «Sokrates zugeeignet» hat: Das Fragen bleibt den Menschen aufgegeben. Mit seiner Hilfe können sie schrittweise das Wissen ansammeln, über dessen Erwerb sie sich dann ein Leben lang freuen können, weil es nie zum Abschluss kommen wird.

Es gilt, sich klarzumachen, dass die eben geschilderte Situation bei aller Neugierde gerade das nicht liefert, was Philosophen der Aufklärung im Grunde ihres Herzens erwartet haben. In ihrer Sicht können Menschen vernünftige Fragen über die Welt stellen und darauf vernünftige Antworten geben, und mit ihnen wissen sie dann ein für alle Mal Bescheid. Das meinten Kant und seine Kollegen. Aber die Verhältnisse, sie sind nicht so. Auf vernünftige Fragen – «Was ist Licht?» oder «Was ist Wasser?» – gibt es mehrere vernünftige Antworten: Licht ist Welle und Teilchen zugleich, und Wasser ist sowohl ein Molekül (H_2O) als auch eine Flüssigkeit.[4] Und diese Antworten können sich sogar widersprechen. Das ist in der Epoche, die nach der Aufklärung kam, den neugierigen Menschen erstmals aufgefallen und hat ihnen dann sogar gefallen. Gemeint ist die Romantik. Deren Vertreter bemerkten auch, dass es neben den in der Welt vorgefundenen Tatsachen noch die von Menschen geschaffenen

Werte gibt. Auch sie spielen bei vielen Antworten mit – und beileibe nicht nur bei Diskussionen über Themen der Art: «Was muss man wissen?», «Auf wen soll man hören?», «Was ist ein gutes Leben?» oder «Was macht einen Menschen fröhlich?» Sondern auch, wenn man zum Beispiel herausbekommen möchte, warum die Sterne funkeln und warum sie nicht vom Himmel fallen. Eine zufriedenstellende Antwort darauf kann sich nicht auf physikalische Tatsachen beschränken. Eine «rationalistische Erklärung», wie Kafka es genannt hat, reicht nicht. Vielmehr kommt es auch auf das seelische Gemüt an, das sich an der kosmischen Glitzerwelt in der Nacht ergötzt und es dem Philosophen Kant erlaubt hat, sein inneres Moralgesetz an dem Sternenmeer auszurichten.

Bevor sich die Wissenschaft den funkelnden Himmelsobjekten zuwenden konnte, hat sie sich über das Gegenstück gewundert, nämlich die Dunkelheit zwischen den Sternen. Mit ersten Überlegungen dazu berühmt geworden ist der astronomisch tätige Arzt Heinrich Olbers aus Bremen. Er wollte im frühen 19. Jahrhundert verstehen: «Warum wird der Himmel nachts dunkel?» Seine Zeitgenossen fanden diese Frage eher albern, meinten sie doch, die nach der Dämmerung einsetzende lichtlose Zeit durch den Untergang der Sonne klären zu können. Aber erstens geht der von der Erde umkreiste Zentralstern nicht unter, wie die Menschen seit den Tagen von Kopernikus wissen können,[5] und zweitens sollte es im kosmischen Raum, der weit und groß genug scheint und vielleicht unendlich viel Platz bietet, nach Ansicht von Olbers genügend andere Strahlungsquellen von der Helligkeit der Sonne geben, um so den Himmel auch in der Nacht leuchten oder zumindest hell erscheinen zu lassen. Warum also wird es auf der Erde abends dunkel?

Die moderne Physik kann diese Frage beantworten, wenn sie

von dem erwähnten Urknall ausgeht, wie an der entsprechenden Stelle im Buch genauer ausgeführt wird (allerdings erst im zweiten Kapitel). Doch dieser voraussetzungs- und trickreichen wissenschaftlichen Erläuterung lässt sich eine die Menschen bewegende Sichtweise an die Seite stellen. In ihrem Blick nimmt der Nachthimmel die Farbe Schwarz an, damit die Erdenbürger die Sterne über ihren Köpfen überhaupt sehen können. Die funkelnden Gebilde befinden sich ja auch tagsüber am Firmament, nur reicht die Helligkeit der leuchtenden Körper nicht aus, um das Sonnenlicht auszustechen und sie den Augen zu erkennen zu geben. In der Nacht können die Sterne dafür umso eindrucksvoller vor einem schwarzen Hintergrund leuchten.

Diese Möglichkeit, eine Frage nicht mit einer wirkenden Kausalkette, sondern von einem Ziel her zu beantworten, lässt etwas Grundsätzliches erkennen: Gemeint ist die Möglichkeit, auf gute und große Fragen mehr als eine lohnende Antwort zu geben. Als sich Aristoteles darüber wunderte, warum Gegenstände zur Erde fallen, kannte er das Konzept der Schwerkraft nicht, das erst durch Newton in die Welt gekommen ist. Aristoteles argumentierte vom Endpunkt der Bewegung her und meinte, dass Gegenstände aus den gleichen Gründen auf den Boden fallen wie Menschen abends in ihr Bett, nämlich weil sie dort ankommen und sein wollen. Was das Fallen von Gegenständen angeht, so hatte ich einmal Gelegenheit, mit den Mädchen und Jungen in einem Kindergarten einige Themen mit wissenschaftlichem Hintergrund anzusprechen. Als ich dabei wissen wollte, warum die Sachen, die man loslässt, auf den Boden fallen, wunderte sich ein Mädchen. «Wieso denn nicht?», meinte sie. «Es gibt nur noch Dinge, die nach unten fallen, die anderen, die nach oben fallen, sind schon längst weg.»

1

Die Farben der Dinge

In diesem Kapitel werden Fragen zu Farben gestellt und Antworten dazu angeboten. Natürlich wird erörtert, warum der Himmel blau – meist hellblau – ist. Wer im Anschluss daran wissen möchte, ob man mit derselben Erklärung auch die tiefblaue Stunde der Dämmerung verstehen kann, wird sich über die Antwort ebenso wundern wie über die Erklärungen für das Blau des Meeres und sogar des Blutes in Sonderfällen. Weitere Fragen: Warum wirkt die Sonne tagsüber gelb? Und warum leuchtet sie als Feuerball abends über dem Horizont rot? Warum sieht das Blut der Menschen intensiv rot aus? Was lässt Blätter im Sommer grün leuchten und wieso färbt sich das Laub im Herbst herrlich bunt? Wie nimmt die helle Haut von Menschen im Sonnenschein die gesund wirkende Farbe Braun an? Und was sehen Tiere, wenn sie in ihrer Umwelt auf das schauen, was Homo sapiens mit Rot, Grün, Blau bezeichnet? Und schließlich: Was hat es mit der blauen Blume der Romantik auf sich?

Die nuancenreiche bunte Pracht für die Augen bietet dem wissenschaftlichen Denken zahlreiche Möglichkeiten, sein Können vorzuführen und die Dinge auf überraschende Weise zu durchschauen. Es traut sich sogar zu, einen Blick auf die ganz großen Fragen zu werfen, etwa «Was ist Licht?» und «Was ist Energie?». Mit den Erklärungen aber tauchen immer neue Fragen auf. Das ist das Schöne daran.

Vom Wahrnehmen der Dinge

«Alle Menschen streben von Natur aus nach Wissen», so beginnt der griechische Philosoph Aristoteles sein berühmtes Buch mit dem Titel *Metaphysik*. Hier heißt es weiter, «dies beweist die Freude an den Sinneswahrnehmungen, denn diese erfreuen an sich, auch abgesehen von dem Nutzen, und vor allen anderen Wahrnehmungen mittels der Augen. Denn nicht nur zu praktischen Zwecken, sondern auch wenn wir keine Handlung beabsichtigen, ziehen wir das Sehen so gut wie allem anderen vor, und dies deshalb, weil dieser Sinn uns am meisten Erkenntnis gibt und viele Unterschiede offenbart.»[6]

Sinneswahrnehmungen heißen bei Aristoteles «aisthesis». Deswegen lässt sich die Frage «Warum wollen Menschen etwas wissen?» dem großen Griechen zufolge mit den Worten beantworten: «Weil sie aus ästhetischen Gründen neugierig auf die Welt sind und begreifen wollen, was (und wie) sie sehen.» Tatsächlich entfaltet sich vor den Augen von schauenden Betrachtern im Laufe eines Tages voller Sonnenschein eine Welt voller Farben, und mit diesen Eindrücken tauchen bereits im Kindesalter viele Fragen auf, von denen einige in diesem Kapitel zur Sprache kommen. Ihre Beantwortung wird Vergnügen bereiten, auch wenn man schon von einigen der Erklärungen gehört haben sollte.

Warum sind das Meer und der Himmel blau? Warum leuchtet der Horizont abends oftmals rot? Warum sind Blätter grün? Warum färbt sich das Laub im Herbst so bunt? Wieso ist Blut rot? Wie kommt es, dass die Sonne gelb erscheint? Warum wird weiße Haut braun? Warum sind Wolken weiß (bevor sie kurz vor einem Gewitter dunkel werden)? Warum wird der Himmel in der Nacht so schwarz wie Kaffee? Wie viele Farben hat ein Regenbogen? Wie kommen die Farben von Schmetterlingsflügeln und Vogelfedern zustande? Welche Farben können Schatten annehmen? Wie ändert sich das Aussehen der Welt in den blauen Stunden der Dämmerung?

Wen nach diesen Erkundigungen zu natürlichen Phänomenen der Ehrgeiz gepackt und die Neugierde nicht verlassen hat, kann weitere Fragen formulieren und Themen ansprechen, die zur Kunst gehören und die Technik betreffen: Woraus bestehen die Farben in einem Malkasten oder auf einer Leinwand? Wodurch erhalten Blue Jeans ihr attraktives Aussehen? Wie kommt die bunte Welt auf Farbbildern und auf dem Display meines Handys zustande? Wie unterscheidet sich das Rot auf dem Bildschirm (Display) von dem Rot des Sonnenuntergangs, den man vor Augen hat und fotografiert oder ablichtet, wie man mit einem schönen Wort auch sagen kann?

Die Farben des Regenbogens

So könnte man endlos weiterfragen, um dem oftmals prachtvollen Farbenspiel der Dinge auf die Schliche zu kommen, mit dem sich das wissenschaftliche Denken spätestens seit den Tagen von Isaac Newton zu Beginn des 18. Jahrhunderts methodisch beschäftigt. Damals lenkte der englische Physiker einen weißen Strahl, der vom Himmel in sein Zimmer kam, auf ein Prisma, aus dem ein Spektrum an Farben heraustrat. Newton kam zu dem Schluss, dass sich in dem natürlichen Sonnenlicht die bunte Welt verbirgt, die zum Beispiel ein Regenbogen zeigt. Das geometrische Farbenspiel am Himmel hat Menschen zu allen Zeiten fasziniert, und es ist häufig als Zeichen der Götter gedeutet oder als etwas verstanden worden, das zwischen der dies- und der jenseitigen Welt vermittelt. Dass sich die Farben des

Himmelsbogens nur in Verbindung mit Regentropfen oder Wasser in anderer Form zeigen, hat früh zu Überlegungen geführt, dass das eindrucksvolle Spektrum sich den physikalischen Prozessen in den Wassertröpfchen verdankt. In Schulbüchern werden Brechung und Beugung unterschieden. Wenn ein weißer Lichtstrahl auf eine Wasseroberfläche oder einen Glaskörper trifft, wird er bei seinem Eintritt abgelenkt oder gebrochen. Jeder Farbanteil erfährt seine spezifische Umleitung (wobei das genaue Geschehen geheimnisvoll bleibt). Die Lichtbrechung erlaubte es Newton, mit Hilfe eines Prismas die spektrale Fülle der Farben zu generieren und mit ihr die Erklärung des Regenbogens zu versuchen. Man muss dazu im Detail verfolgen, wie sich Lichtstrahlen durch und in Wassertröpfchen bewegen, worauf hier verzichtet wird.[7]

In der Zeit, in der Newton mit Hilfe seines Prismas das Sonnenlicht in sein Spektrum auffaltete, verfügte er noch nicht über genaue Vorstellungen von der Natur des Lichts, und so konnte der große Physiker das Zustandekommen der Farben nicht wirklich erklären. Der im mechanischen Denken erfahrene Newton nahm an, dass Licht aus einem Strom aus winzigen Kügelchen (Partikeln) bestehe und sich die roten von den grünen Teilchen durch deren Größe unterscheiden ließen. Dabei bleibt bis heute offen, wie viele Farben der große Brite insgesamt in dem Spektrum mit seinen eigenen Augen und dem ihm verfügbaren Prisma ausmachen konnte. Wer das aus dem 18. Jahrhundert stammende und in einem Museum aufbewahrte optische Gerät heute zur Hand nimmt und Licht hindurchtreten lässt, kann bestenfalls vier Farben erkennen und wundert sich, dass Newton das komplette Septett aus sieben Farbtönen beschrieben hat, wie man es heute mit modernen Prismen und intensiven Strahlen sichtbar machen kann. Ein vollständiges Spektrum besteht aus Rot, Orange, Gelb, Grün, Blau, Indigo und Violett. Anders als Newton beschreibt die heutige Physik diese als «rein» bezeichneten Farben – genauer: die dazugehörigen Lichtstrahlen – bevorzugt als Bewegung von Wellen und charakterisiert sie folglich durch ihre Wellenlängen, die sie in Nanometern angibt. Ein Nanometer (nm) meint 10^9 Meter, was schwer vorstellbar ist, aber niemanden daran hindern muss, die Auskunft zu verstehen, dass rotes Licht mit etwa 700 nm die größte Wellenlänge der Spektralfarben aufweist, während sich Violett mit etwa 400 nm durch die kleinste auszeichnet.

Der Vorschlag, Licht als eine Welle zu verstehen, findet sich zum ersten Mal bei dem Holländer Christiaan Huygens. Allerdings verzichtet er in seinem *Traité de la lumière* von 1690 auf eine Erörterung der Farben, mit der Begründung, dass er dieses Thema für sehr schwierig halte: «vor allem wegen der vielen verschiedenen Arten, wie Farben produziert werden». Eine bessere und sorgfältig ausgearbeitete Theorie des Lichts und der Farben verdankt die Menschheit dem schottischen Physiker James Clerk Maxwell, der sich im 19. Jahrhundert mit elektrischen und magnetischen Feldern beschäftigt und dabei bemerkt hat, dass sie miteinander wechselwirken und elektromagnetische Wellen mit unterschiedlichen Frequenzen hervorbringen können. Seine Theorie erlaubte es Maxwell sogar, die Geschwindigkeit zu berechnen, mit der sich solch eine Welle ausbreitet. Damit schien seine Wissenschaft nicht nur die Natur des Lichts verstanden zu haben. Die Menschen lernten dank Maxwell auch erstmals die heute so berühmte Lichtgeschwindigkeit kennen, die eine besondere Rolle in der Physik spielt, seit Albert Einstein aufgetaucht ist, über Raum und Zeit nachgedacht und seine revolutionären Überlegungen mit der Festlegung eingeleitet hat, dass die Lichtgeschwindigkeit eine Konstante der Natur ist. Einstein spielt im Folgenden noch eine große Rolle, doch zunächst soll es reichen, dass Newton den Menschen das Spektrum geschenkt hat und ihnen damit erstmals die Farben verständlich machen konnte.

Die Empfindung Farbe

Konnte er das wirklich? Nicht alle Farblehrer haben sich von dem Versuch mit dem Prisma angetan gezeigt. Newton untersuchte das Licht vor allem als Physiker, was einem deutschen Dichter etwa einhundert Jahre später zu wenig erschien, der bei den Farben mehr an die Empfindungen dachte, die ein Rot, ein Grün oder ein Gelb auf das Gemüt eines Menschen ausübt. Gemeint ist Johann Wolfgang von Goethe, der bei seinem naturwissenschaftlichen Forscherdrang die ihn umgebende Welt immer auch mit den Augen eines Künstlers betrachtete. Er wollte den Farben nicht nur messbare Wellenlängen, sondern auch die Fähigkeit zur seelischen Empfindsamkeit zuschreiben und sie auf diese Weise weniger physikalisch und mehr psychologisch und kulturhistorisch verstehen. Goethe wusste ebenso wenig wie Newton etwas von der erst im Verlauf des späten 19. Jahrhunderts entwickelten Vorstellung, dass Licht ein elektromagnetisches Phänomen ist und sich seine wahrgenommenen Farben durch Wellenlängen charakterisieren oder zumindest voneinander unterscheiden lassen. Wer nach diesen Erfolgen der Physik die oben gestellten Fragen beantworten will – Warum sind der Himmel und das Meer blau? –, muss zuerst auf dieser wissenschaftlichen Grundlage antworten und mit Wellenlängen argumentieren. Dabei braucht niemand zu vergessen, dass das Bunte in der Welt mit seiner Farbenpracht auch immer das Gemüt anspricht und kein empfindsamer Mensch zufrieden sein wird, wenn man ihm oder ihr ein Blutrot, ein Himmelsblau oder ein Giftgrün durch eine Zahl erschöpfend nahezubringen versucht.

Der Sonne entgegen

Farben haben es in sich, wie selbst einfache Überlegungen erkennen lassen, und sie bleiben auch heute noch für manche Überraschung gut. So verknüpfen zum Beispiel viele Menschen mit dem Rot die angenehme Empfindung von Wärme, und die Physik bestätigt dieses Zusammendenken durch eine unsichtbare Strahlung, die sie im Spektrum unterhalb (infra) des roten Lichts gefunden hat und die als Infrarot (IR) eine wohlige Temperaturerhöhung auf der Haut spüren lässt. Mit dem blauen Himmelslicht hingegen verbinden Menschen das Gefühl der Kälte. Als Physiker im 19. Jahrhundert das Pendant zum Infraroten suchten und das Ultraviolette (UV) fanden, meinten sie, sie hätten neben der Wärme- auch eine Kältestrahlung gefunden. Zur allgemeinen Überraschung mussten sie dann erkennen, dass sich Menschen mit Licht aus diesem UV-Bereich gefährlich verbrennen können.

Selbst wenn die Verbindung von Blau und Kälte wissenschaftlich nicht gerechtfertigt ist, drängt sich dieser Zusammenhang bei den Erfahrungen auf, die Menschen machen, wenn sie auf einen Berg steigen. Während sie an Höhe gewinnen und der Sonne näher kommen, wird es paradoxerweise kälter, was intuitiv zu dem als eisig empfundenen Blau des Himmels zu passen scheint. Wer sich an dieser Stelle fragt, warum die Temperatur auf dem Weg nach oben auf die Sonne zu sinkt, wird irgendwann darauf stoßen, dass dies mit der Luft zusammenhängt, die ihn oder sie umgibt. Sie wird nämlich zum Gipfel hin dünner, wie man sagt. Das zeigt sich am auffälligsten daran, dass der Sauerstoff in der Bergluft so knapp wird, dass Menschen beim Aufsteigen höhenkrank werden können und ihr Leben gefährden.

Physikalisch ist festzuhalten, dass es dann, wenn die Luft ausdünnt, weniger aufheizbares Material gibt. Deshalb wird es in höheren Bergregionen kühler, auch wenn der Abstand zur Sonne abnimmt. Letzteres steigert nicht nur das Risiko von Verbrennungen der Haut, sondern kann in ungeschützten Lippen auch Herpesviren aktivieren, die der Körper vor der Einstrahlung noch kontrollieren konnte. Die Reduktion des Wärmegefühls in Gipfelnähe hat auch mit den in diesen Regionen häufig zunehmenden Winden zu tun, die noch kleinste Mengen an aufgeheizter Luft von der Haut mit ihren Härchen wegblasen und die Bergsteiger frösteln lassen. Offenbar kann der blöde Wind nichts anderes als wehen, wie Frierende in eisigen Stürmen wütend denken, auch wenn sie sich klarmachen, dass das unentwegte Blasen durch lokale Unterschiede im Luftdruck zustande kommt. Der Wind, der nicht weht, wartet nur auf die Gelegenheit, loszulegen. Seine Zeit wird kommen, und die Wanderer müssen sich stoisch warm anziehen, wenn sie weiter an Höhe gewinnen und den Gipfel gesund erreichen wollen.

Zerstreuungen

Um genauer zu verstehen, was sich mit Hilfe der Sonnenstrahlen über den Köpfen der Menschen und unter dem Himmel abspielt, brauchte es einen Nobelpreisträger für Physik, den Engländer John William Strutt, der in seiner Heimat als 3. Baron Rayleigh bekannt ist. 1904 durfte er nach Stockholm kommen, um die hohe Auszeichnung aus den Händen des schwedischen Königs entgegenzunehmen. Man ehrte seine theoretischen Einsichten in die Streuung, die elektromagnetische Wellen an den Sauerstoff- und Stickstoffmolekülen erfahren, die zur Erdatmosphäre gehören. Bei diesem Prozess hatte der Lord eine Besonderheit bemerkt. Seine theoretischen Überlegungen zeigten, dass die Streuung des Lichtes an den Bestandteilen der gasförmigen Hülle, die um den von Menschen bevölkerten Himmelskörper liegt, abhängig von der Frequenz der Strahlen war, und zwar massiv abhängig.

Mit den Frequenzen der Wellen wird angegeben, wie häufig das elektromagnetische Lichtgebilde hin und her oder auf und ab schwingt. Zum Glück besteht ein einfacher Zusammenhang zwischen der Länge einer Welle und ihrer Frequenz. Je kürzer das eine, desto höher das andere, und je länger das Erste, desto niedriger das Zweite. Wenn rotes Licht eine längere und blaues Licht eine kürzere Wellenlänge aufweist, heißt das umgekehrt, dass rotes Licht über eine niedrigere und blaues Licht über eine höhere Frequenz verfügt, und das bringt Folgen mit sich.

Denn Lord Rayleigh kann zeigen, dass die Intensität des von den Molekülen am Himmel zurückgeworfenen und abprallenden Lichtes proportional zur vierten Potenz seiner Frequenz ist. In die Sprache des Alltags übersetzt: Dank seiner Streuung in der Atmosphäre dominiert das sichtbare Licht mit der höchsten Frequenz – also das Blau – alle anderen. Mit diesem leider wenig anschaulichen Mechanismus erklärt die Wissenschaft das eindrucksvolle Azur oder die entzückende Himmelsbläue eines schönen Sommertages und letztlich auch die Tatsache, dass die Erde auf Aufnahmen aus dem Weltall als Blauer Planet vor einem schwarzen Himmel zu sehen ist (wobei das Schwarze des

Weltraums erst im nächsten Kapitel erklärt wird). Das heißt, die Theorie der Rayleigh-Streuung erlaubt es, neben dem kalten Blau auch das warme Abendrot zu verstehen, da das Licht, das die Menschen in der Dämmerung erreicht, zu der späten Tageszeit eine längere Wegstrecke durch die Erdatmosphäre zurücklegen muss. Auf dieser Reise durch die Luftschichten wird der hochfrequente blaue Teil abgelenkt und weggestreut, was dazu führt, dass das kurzwellige Rot mit seinen orangenen Tönen übrig bleibt. Am Mittag dagegen ist der Weg des Lichtes von der Sonne bis in das Auge des Betrachters so kurz, dass das Blau nur wenig abgelenkt wird. Die Theorie erlaubt zugleich zu verstehen, wie die Sonne ihre gelbe Farbe bekommt. Das bisschen Blauverschwinden reicht dazu aus. Wer in einem Flugzeug unterwegs ist und sich hoch über der Erde befindet, für den werden weniger Blauanteile abgelenkt. Das verleiht dem durch das Fenster betrachteten Zentralgestirn ein weißeres Aussehen, wie vielen Flugreisenden sicher aufgefallen ist.

Die Farbe des Wassers

Die gleichen Flugzeugpassagiere wundern sich vielleicht auch über die Gestalten und Farben von Wolken, die aussehen wie Schaumkronen. Wolken bestehen aus Wassertröpfchen in unterschiedlichsten Größenordnungen, was dazu führt, dass wie bei Schaumkronen alles Licht von ihnen in die verschiedensten Richtungen gestreut wird. Das lässt sie weiß aussehen, zumindest so lange, bis sich zu viel Wasser in den Wolken ansammelt und der Himmel grau und immer dunkler wird.

Aus kosmischen Höhen zeigt unsere Erde die schöne Farbe Blau. Das unterscheidet den Heimatplaneten der Menschen von der sandgelben Venus und dem eisensteinroten Mars. Warum der Himmel von der Erde her – also von unten aus – blau erscheint, wurde eben erläutert. Aber warum sieht die Erde auch umgekehrt vom Himmel aus betrachtet blau aus? Die Kontinente lassen andere Farben erkennen – grüne Wälder und braune Wüsten zum Beispiel. Aber dort, wo der Blick auf die Erde keine Erde, dafür aber Wasser erkennen lässt, zeigt sich die Farbe Blau, die auf diese Weise drei Viertel der irdischen Oberfläche ausmacht. Das Meer ist tatsächlich blau, aber das trifft auch für reines Wasser zu, das stets einen Blauschimmer erkennen lässt. Das Licht wird in diesem Medium gestreut wie am Himmel, und dieses Zerstreuen nimmt zu, wenn sich gelöste Stoffe im Wasser befinden, wie dies im Meer der Fall ist. Insgesamt erscheinen tiefe Ozeane blauer als flache Küstengewässer, was allerdings nicht die ganze Farbenpalette erklärt, zu der auch das schimmernde Türkis in den Lagunen von Korallenriffen oder das dunkle Grün an den Nord- und Ostseestränden gehört. Es ist nicht nur die Physik, die die Farben des Wassers erklärt, auch die Biologie trägt ihren Anteil dazu bei, indem sie verdeutlicht, dass das tiefe Blau des offenen Ozeans Rückschlüsse auf eine geringe Fruchtbarkeit erlaubt. Deshalb ist in der Literatur auch von der «Wüstenfarbe» des Meers zu lesen.

Der Sonnenwind

Neben den Lichtstrahlen sendet die Sonne vom Himmel auch das aus, was in der Wissenschaft als «Sonnenwind» bezeichnet wird und aus elektrisch geladenen Teilchen besteht, aus Elektronen und Protonen. Trifft dieser Strom auf die Erdatmosphäre, nehmen die sich dort tummelnden Luftmoleküle die Energie der Sonnenwindbestandteile erst auf, um sie in angeregter Form wieder abzugeben, und zwar als Licht. Dabei kommt eine höchst eindrucksvolle Leuchterscheinung zustande. Am Himmel zeigt sich eine Aurora, wie das grünlich scheinende Polarlicht genannt wird, das Menschen zu allen Zeiten beeindruckt hat. Man kann sich vorstellen, dass diese Himmelserscheinungen in den Polregionen der Erde in alten Zeiten wie die Regenbogen auf alle möglichen Weisen gedeutet wurden – die flüchtigen Polarlichter meistens als mystischer Zauber oder Vorboten einer schicksalhaften Veränderung.

Doch der Sonnenwind hat es noch aus anderen Gründen in sich. Zum einen scheint seine Energie groß genug zu sein, um das Leben auf der Erde zu bedrohen, wenn er ungehindert auf die Oberfläche des Planeten treffen würde. Dies wird zum allgemeinen Glück aller Menschen verhindert, weil der energiereiche Strom aus den geladenen Teilchen durch das Magnetfeld der Erde zu den Polen hin abgelenkt wird. Dies erklärt nicht nur, weshalb die eindrucksvollen atmosphärischen Leuchterscheinungen auf die dortigen Regionen beschränkt bleiben. Es führt auch zu der Frage, wer für das Magnetfeld der Erde sorgt, ohne dessen Hilfe das Leben nicht existieren könnte.

Die Antwort darauf scheint für Physiker kein Problem zu sein. Sie sprechen von einem Dynamoeffekt, der von dem Erdkern ausgeht, der in etwa 3000 Kilometer Tiefe im Wesentlichen als flüssiges Eisen vorliegt, wie die Geologie bestätigt. Das Strömen der elektrisch leitfähigen Materie induziert zusammen mit der Erdrotation das rettende Magnetfeld, worüber sich ebenso trefflich staunen lässt wie über die Tatsache, dass der Sonnenwind bei seiner kosmischen Reise zur Erde unterwegs auf Asteroiden trifft und aus ihnen Sauerstoff herausschlagen kann. Verbindet sich dieses Element mit dem Wasserstoff im Wind, entsteht das Wasser, von dem es so viel gibt, dass manche meinen, die Erde sollte nach diesem flüssigen Element benannt werden. Es gibt Wissenschaftler, die mit diesem chemischen Prozess die Frage beantworten, wie das Wasser auf die Erde gekommen ist.

Als sich die Erde vor ein paar Milliarden Jahren aus der Wolke herausschälte, die damals das Sonnensystem bildete, war sie viel zu heiß, um Wasser festhalten zu können. Das als Flüssigkeit benötigte Lebenselixier muss seinen eigenen Ursprung haben, und der Sonnenwind kann den Menschen vielleicht die dazugehörige Geschichte erzählen.[8] Er fällt auf, dass seine Energie nicht nur die Voraussetzungen für das Leben schafft, sondern sie zugleich bedroht. Eine delikate kosmische Balance.

Eine Frage der Energie

So schön der Sonnenwind die Atmosphäre zum Leuchten bringt, mit den bislang gegebenen Erörterungen ist die Physik des Lichts nicht einmal im Ansatz erschöpft. Was ist überhaupt ein Molekül? Wie kann man es zu fassen bekommen und begreifen?

Das wissenschaftliche Schlüsselwort ist «Streuung», worunter allgemein die Ablenkung von physikalischen Größen wie Licht oder Elektronen durch etwas verstanden wird, das sich ihnen in den Weg stellt. Dauernd treffen Strahlen auf Oberflächen, von wo aus sie zurückgeworfen (reflektiert) oder von denen sie eingefangen (absorbiert) werden. Ein Großteil von physikalischen Experimenten wird mittels Streuungen durchgeführt, deren Analysen Auskunft geben können über die getroffenen Objekte oder bei denen sich Eigenschaften der ein- und auftreffenden Größen erkunden lassen. Streutheorien gehören zu den ertragreichsten Gebieten der Physik. Dabei kommen in Experimenten, die etwa an gigantischen Beschleunigern wie am CERN[9] durchgeführt werden, so hohe Energien zum Einsatz –

man spricht deshalb von einer Hochenergiephysik –, dass dabei Teilchen produziert werden, die man vorher noch nicht kannte oder gesehen hatte.

Details würden hier zu weit führen, und das entscheidende Stichwort ist auch schon gefallen, nämlich «Energie». Wann immer Licht auf etwas trifft – zum Beispiel auf ein Molekül in der Luft, auf die Oberfläche eines Spiegels oder von Wasser oder auf die Netzhaut im Auge eines Menschen –, hängt das, was im Anschluss passiert, von der Energie ab, die das Licht mitbringt, und der Frage, ob es sie abgeben und loswerden kann. Um diesen Vorgang zu verstehen, muss man auf eine der erstaunlichsten Entdeckungen der Wissenschaft zurückgehen. Sie stammt aus dem Jahre 1900 und besagt, dass die Energien von Licht und Atomen nicht kontinuierlich jeden Wert annehmen können. Vielmehr existieren sie diskret in Form von Päckchen, die als Quanten bezeichnet werden. Wenn Licht irgendwo auftrifft, kann es die Energie seiner Strahlen nicht beliebig loswerden. Es muss sie vielmehr Stück für Stück anbieten oder abgeben. Weist der bestrahlte Gegenstand keine innere Struktur oder andere Qualitäten auf, die mit den eintreffenden Energiequanten etwas anfangen können, bleibt dem Licht nichts anderes übrig, als das Objekt zu durchqueren und einem neuen Ziel zuzustreben.

Solch eine Situation liegt zum Beispiel bei Glas vor, was erklärt, weshalb Fensterscheiben durchsichtig bleiben – fast jedenfalls und solange sie gereinigt werden. Das Licht wird seine Energie im farblosen Glas einfach nicht los – anders als im Nebel, der undurchsichtig bleibt. Übrigens entsteht dabei die paradox wirkende Situation, dass in Metern gemessene Menschen und in Nanometern vermessenes Licht mit Glas und Nebel ganz gegensätzlich zurechtkommen. Während es Licht durch das harte Glas schafft, das Menschen aufhält, schaffen es Menschen durch den weichen Nebel, der dafür das Licht mit Hilfe seiner Tröpfchen einfängt. Auf und in ihnen wird es seine Energie los; ein Mensch kann sich in ihm zwar noch bewegen, aber nichts mehr sehen.

Wer mehr über die Energie des Lichts aussagen will, sollte genauer von der Energie seiner Farben sprechen, denn diese hängt von der Frequenz ab. Sie ist sogar proportional dazu, was bedeutet, dass blaues Licht mit seiner hohen Frequenz mehr Energie mit sich trägt als rotes mit seiner niedrigen Frequenz (was UV-Licht für die Haut gefährlicher macht als IR-Strahlen, wie erläutert worden ist). Mit dieser Verteilung der Strahlenenergie im bunten Spektrum lassen sich auch die Fragen beantworten, warum das Blut von Menschen rot ist und die Blätter des Waldes grün sind – allerdings nur mit einem anfänglichen Twist.

Blut ist ein besonderer Saft, wie der Teufel in Goethes *Faust* anmerkt, und dies trifft nicht zuletzt deshalb zu, weil sich in diesem Lebenselixier ein besonderes Gebilde befindet – ein Molekül mit Namen Hämoglobin. Es ist in der Lage, die Energie der grünen Komponente des Lichts aufzunehmen. Der Körpersaft hält sie fest und wirft das weiße Licht ohne das Grün zurück, was das Blut rot erscheinen lässt. Grün und Rot nennt man aus diesem Grund Komplementärfarben. Sie ergeben zusammen Weiß. Woraus sich schließen lässt, dass Blätter deswegen grün aussehen, weil sie einen Stoff – eine Molekülsorte – produzieren und enthalten, die den roten Anteil des Sonnenlichts festhält. Blätter sind nicht grün, weil sie grünes Licht festhalten, sondern weil sie es im Gegenteil reflektieren und die Energie des roten Lichts aufnehmen.

Bevor mehr zum Blattgrün gesagt wird, noch einmal zum Blut, von dem manchmal zu lesen ist, dass es in den Adern von Königskindern oder anderen Adligen als blauer Saft, als blaues

Blut, zirkuliere. Blaues Blut gibt es tatsächlich, und zwar in Königskrabben – «horseshoe crabs». Der Unterschied zwischen den für den Transport von Sauerstoff im Körper zuständigen Flüssigkeiten besteht darin, dass das menschliche Hämoglobin für seine Aufgabe mit einem Eisenatom ausgestattet ist, während die Königskrabbe an dieser Stelle auf Kupfer zurückgreift. Damit ist noch nicht vollständig erklärt, warum das eine Metall eine rote und das andere eine blaue Färbung hervorruft, aber ein Anfang ist gemacht, und neugierige Wissenschaftler können sich davon ausgehend an die Arbeit machen.

Nach dem Rot und Blau zum Grün der Blätter. Die Moleküle, die für diese sich dem Auge in vielen Nuancierungen darbietende Färbung verantwortlich sind, tragen den Namen Chlorophyll, der aus dem griechischen Wort für Blattgrün hervorgegangen ist. Mit ihren Chlorophyllen bekommen Pflanzen – auf wundersame und höchst trickreiche Weise – den als Fotosynthese bezeichneten Vorgang hin, bei dem es Blättern gelingt, die von ihnen eingefangene Energie des Lichts in die Energie von molekularen Strukturen zu überführen. Sie werden für eine Fülle von chemischen Prozessen im Zellgeschehen benötigt und erledigen die vielen verschiedenen biologischen Aufgaben, die zum Leben gehören.

Auf das Chlorophyll wird hier deshalb eingegangen, weil im Herbst, wenn die Sonnenstrahlung abnimmt, auch die Menge an Blattgrün weniger wird, mit denen die Pflanzen ausgestattet sind. Dadurch können andere Stoffe in Erscheinung treten und ihre Farbwirkung zur Geltung bringen. Deshalb zeigt sich das Laub im Herbst in seiner bunten Pracht. Dabei ist vor allem ein Stoff mit Namen Karotin zu nennen, der Blätter gelb und orange leuchten lässt. Daneben sorgt ein Pigment namens Anthocyan für ein auffallendes Rot, was man dem Wort nicht ansieht, da

Anthocyan «dunkelfarbige Blume» heißt. Das Molekül mit diesem gefälligen Namen zeigt neben seinem unübersehbaren Beitrag auf die Herbstbuntheit noch eine Qualität, die der Gesundheit von Menschen dient. Anthocyane können unerwünschte und chemisch aggressive Zwischenprodukte des Stoffwechsels einfangen und auf diese Weise Menschen helfen, Entzündungen zu reduzieren und die Abwehrkräfte ihres Körpers zu mobilisieren, weshalb zum Verzehr von Früchten oder Pflanzen geraten wird, die wie Waldbeeren Anthocyane enthalten.

Was ist Energie?

Zurück zum Licht, das sich als eine besonders bewegliche und oftmals sichtbare Form von Energie auszeichnet. Die Strahlen von Sonnen oder Glühbirnen beginnen ihre Reise mit der Energie von Atomen und geben sie zuletzt entweder wieder an Atome oder Moleküle ab. Dabei bleibt es überraschend schwierig, zu sagen, was die wirksame Energie genau ist. Maschinen benötigen sie, um die Arbeiten zu verrichten, die ihre Konstrukteure und die Gesellschaft von ihnen erledigt haben wollen, und Menschen benötigen Energie, um ihr Leben zu führen und in ihm tätig zu werden, zum Beispiel um morgens aus dem Bett zu kommen und zur Arbeit zu gehen. Das Wort «Energie» stammt von Aristoteles, der mit dem griechischen «energeia» dem in Dingen und Personen schlummernden Vermögen einen Namen geben wollte, mit dessen Hilfe aus den vielen verfügbaren Möglichleiten die angestrebte und erlebte Wirklichkeit werden kann, die den Alltag ausmacht und in der sich das Leben abspielt. Wer etwa an seinem Schreibtisch sitzt, hat die Möglichkeit, aufzustehen und loszugehen. Aber um in den Zustand der Bewegung zu geraten, muss er oder sie dies erst wollen – psychische Energie einsetzen – und dann konkret ausführen – physische Energie einsetzen –, wie niemandem gesagt zu werden braucht und von allen täglich erfahren wird.

Im 19. Jahrhundert haben die Physiker den nicht nur erstaunlichen, sondern ungeheuren Satz von der Konstanz der Energie formulieren können. Dieser besagt, dass Energie weder erzeugt noch vernichtet werden kann und als Ganzes immer vorhanden bleibt. Energie gehört damit von Anfang an zur Welt und kann alles antreiben. Sie kann nicht vergehen und sich nur wandeln. Das heißt, dass sie im Laufe der Zeit immer neue Formen annehmen wird und als Wärme-, Kern-, Bewegungs-, Licht-, Lage-, Feld-, Bindungsenergie und was einem sonst noch einfällt in Erscheinung treten kann. Genau das passiert, wenn die Erde und das Leben auf ihr sich im Laufe der Zeit entwickeln. Das Weltgeschehen geht auf allen Ebenen mit ewigen Verwandlungen der Energie einher. Wer die berühmte Frage von Goethes *Faust* nach dem beantworten will, was die Welt im Innersten zusammenhält, kommt der Wahrheit ziemlich nah, wenn er oder sie darauf schlicht mit «die Energie» antwortet.

Tatsächlich tummeln sich – nach der Auskunft der modernen Physik – ganz tief drinnen keine Teilchen mehr mit ihren noch so winzigen Massen. Im Innersten der Welt brummt es dafür von Energie, die auf ihrem Weg in die Welt versucht, sich in die Masse zu verwandeln, die Menschen zuletzt in ihren Händen halten können, etwa in Form eines Steins. Energie ist das, was aus dem Innersten der Welt heraus die Massen werden lässt, die sich im Außenbereich zeigen und dabei die Wirklichkeit ausmachen. Die Unzerstörbarkeit der Energie zeigt die Unzerstörbarkeit von Möglichkeiten, über deren Ergreifen Menschen streiten und an deren Umsetzung sie scheitern können.

Was ist Licht?

Vom Innersten der Welt zurück zu dem blauen Dach über den Köpfen, dessen Farbe durch die frequenzabhängige Streuung von Strahlen an Molekülen eine erste Erklärung gefunden hat. Wie können Lichtwellen mit Sauerstoffmolekülen zusammenstoßen, um das angenehm bläuliche Leuchten der Atmosphäre hervorzubringen? Wie können sich die Energie einer physikalischen Welle und die Energie eines chemischen Stoffes gegenseitig beeinflussen und austauschen?

Die Antworten auf diese Fragen erweisen sich als komplizierter, als man denken könnte, und sie setzen die Einsichten eines der größten Physiker voraus, der jemals unter der Sonne gelebt hat, nämlich die von Albert Einstein. Als er sich 1905 Gedanken über den Einfluss von Licht auf elektrischen Strom machte, fiel ihm auf, wie sehr die alte Annahme, dass die Energie einer Strahlung durch deren Intensität bestimmt wird, in die Irre führte. Die Messungen zeigten, dass es nicht die Intensität des Lichtes, sondern seine Frequenz war, die einem sagte, welche Energie in den Strahlen steckte und ihnen entzogen werden konnte. Der junge Einstein nahm all seinen Mut zusammen, um in einem ersten Schritt die damals noch unbeachtete Idee von Max Planck aufzugreifen, dass Lichtenergie in Form von Quanten auftritt und sich mit ihrer Hilfe auswirkt. Einstein ging dann sogar noch einen erstaunlichen Schritt weiter. Er schlug vor, die als mathematische Hilfsgröße gedachten Quanten physikalisch ernst zu nehmen und das Licht aus ihnen zusammenzusetzen und aufzubauen. Mit anderen Worten, das Licht sollte plötzlich nicht mehr nur eine Welle sein, wie man das im 19. Jahrhundert stolz verkündet hatte. Es sollte zudem als ein Strom aus Teilchen daherkommen, die jeweils ein Quantum an

Energie mit sich tragen. Man kann sich schmunzelnd fragen, ob Newton sich gefreut hätte, dass seine Ideen zur partikulären Natur des Lichts gar nicht so falsch waren und plötzlich ihre eigene Aktualität entwickelten.

Wie der weitere Verlauf der Geschichte zeigen sollte, stellte Einsteins wahrhaft revolutionäre Deutung des Lichts als Teilchenstrom einen wesentlichen Beitrag zum Verständnis seiner Eigenschaften dar. Trotz aller Erfolge blieben seine Vorschläge lange Zeit merkwürdig unbeachtet und verursachten in der Wissenschaftsgemeinde mehr Stirnrunzeln als Euphorie. Natürlich konnte und wollte niemand leugnen, dass es nachweislich elektromagnetische Wellen sind, die von der Sonne auf die Erde zulaufen. Aber wenn diese Strahlen auf Moleküle oder andere Strukturen treffen, lassen sich die Wechselwirkungen nur im Teilchenbild verstehen. Es mag zwar verrückt anmuten, aber der Wahnsinn hat Methode: Nun konnten die Physiker dem Licht eine doppelte Natur zuweisen und dem sichtbaren und wärmenden Sonnenstrom gestatten, sowohl als Welle als auch als Teilchen aufzutreten. Die Partikel mit ihren Energiehäppchen bekamen den Namen Photone, wie sie von nun an von den Physikern genannt wurden.

Zu diesem historischen Tatbestand gilt es, ein paar Anmerkungen zu machen. Zum einen hat Einstein für diese wahrlich umwerfende Idee – und nicht für seine vertrackte Theorie der Relativität von Raum und Zeit – den Nobelpreis für Physik bekommen. Zum Zweiten hat er bis zum Ende seines Lebens – also fünfzig Jahre lang – um ein Verständnis dieser Doppelnatur gerungen und sich keinen Reim auf ein Photon machen können. Die Kollegen, die lässig meinten, die Energiequanten zu verstehen, bezeichnete er schlicht als «Lumpen». Und zum Dritten bewahrt das Licht mit seinem Wechsel zwischen Welle und Teilchen bis heute sein Geheimnis, was wissbegierigen Menschen immer wieder Grund zum Staunen gibt.

Wer die einfach klingende Frage «Was ist Licht?» beantworten will, kann gerne Wendungen wie «ein Ensemble aus schwingenden Energiequanten» zu Hilfe nehmen oder die Formulierung «ein dynamisches Gebilde aus elektromagnetischen Wellen» vorschlagen. Das klingt eindrucksvoll, hat auch viel mit Physik zu tun, verpasst aber den geheimnisvoll bleibenden Charakter des Aufleuchtens, mit der in der Bibel die Schöpfung eingeleitet wird. «Es werde Licht!», lautet der göttliche Befehl am Anfang der Welt. Menschen suchen ihr Leben lang nach dem Licht, und wenn es von der Sonne auf die Erde strömt, öffnen sie ihre Augen und ihr Herz und schauen mit seiner Hilfe neugierig auf die Welt, um ihr Wissen über sie zu vermehren, wie Aristoteles bemerkt hat. Alles fängt mit dem Licht an.

Vom Licht zum Sehen

Wenn die Sonne scheint, versuchen viele Menschen die üblicherweise als «Weiß» bezeichnete Farbe ihres Körpers braun werden zu lassen. Braungebrannt möchte man aus dem Urlaub am Meer zurückkehren. Wer wissen will, was biochemisch dazu nötig ist, wird von speziellen Hautzellen erfahren, die den Farbstoff Melanin produzieren und durch ultraviolettes Licht zu dessen Produktion angeregt werden. Melanin, das in sogenannten Melanozyten entsteht, liefert den Sonnenanbetern am Strand einen doppelten Vorteil. Zum einen bekommt ihre Haut den angestrebten Braunton. Und zum Zweiten schützt das Melanin vor dem, was man an den ersten Tagen in der strahlenden Frühlingssonne nach einem düsteren Winter am meisten fürchtet, nämlich einen Sonnenbrand zu bekommen. Tatsächlich kann man das Braunwerden als Schutzmechanismus der Haut deuten, um sich vor eventuellen Schäden zu bewahren, die vom UV-Licht bewirkt werden, wenn es zu intensiv ist oder man sich ihm zu lange aussetzt. Die Schäden zeigen sich nicht nur außen in Form von entzündeter (schmerzlich geröteter) Haut, sie lassen sich auch tief im Inneren der Zellen nachweisen. Dort tritt das Ultraviolette mit der Erbsubstanz DNA in Wechselwirkung und kann unvorteilhafte genetische Veränderungen auslösen, die bis zum Hautkrebs gehen, dessen besonders gefährliche schwarze Ausprägung als Melanom bekannt ist.

So groß die Hautfläche auch ist, die Menschen beim Sonnenbaden braun werden lassen wollen – die für das Leben wichtigen Prozesse löst das Licht in den Augen aus. Wenn Strahlen in das menschliche Sehorgan gelangen, treffen sie nach dem Durchqueren einer Menge von biologisch wichtigen Strukturen erst spät auf die Netzhaut des Auges auf. Erst hier dringen sie in lichtempfindliche Zellen ein, die ihrer Form nach als Stäbchen und Zapfen unterschieden werden. Verfolgen wir den Weg des Lichtes in die Augen! Zuerst geben die Strahlen ihre Energie an eine Reihe von Molekülen ab, die in den genannten Zelltypen auf der Rückseite des Auges zu finden sind und Rhodopsin heißen. Die letzten Silben leiten sich von «opsis», dem griechischen Wort für Sehen, ab. Da es hier um Farben geht, richtet sich die Aufmerksamkeit auf die Zapfen. In ihnen finden sich verschiedene Ausgaben von Rhodopsin, die unterschiedlich empfindlich für die Energie des einfallenden Lichtes sind. Bereits vor der Kenntnis der Anatomie des Auges hatte sich die Physik bemüht, die gesamte Vielfalt der Farben aus drei Komponenten zu generieren.

Aber Vorsicht. Die genannte «Dreizahl» ergibt sich zwar aus dem Aufbau der Netzhaut, aber nachdem das Licht hier eingetroffen ist, muss es weiter ins Gehirn, wenn es bewusstes Sehen werden will. Wendet man sich den ersten Neuronen zu, mit denen die Information über den Lichteinfall im Auge weiter in das Organ unter der Schädeldecke geleitet wird, so findet man, dass die daran beteiligten Ganglienzellen den für das Sehen zuständigen Gehirnregionen neben dem genannten Trio Rot, Grün und Blau noch einen eigenen Kanal für Gelb zuführen. Das wird hier auch deshalb erwähnt, weil prominente Physiologen im 19. Jahrhundert lange Zeit um die Frage gestritten haben, ob Gelb eine Mischfarbe oder als reine Empfindung anzusehen ist, wie man sie dem Rot-Grün-Blau-Terzett zutraute.

Die Antwort fällt nicht eindeutig aus, und die Lage bleibt kompliziert. Denn die drei «Farben» der genannten Netzhautzellen und die vier «Farben» der weiterziehenden Ganglienzellen haben kaum Gemeinsamkeiten. Sie wachen vielmehr eifersüchtig darüber, dass jede ihre eigene optimale Wellenlänge kontrolliert – mit der Folge, dass sich die Frage, wie viele elementare Farben es bei dieser visuellen Wahrnehmung gibt, immer schlechter beantworten lässt, je genauer man hinzuschauen lernt.

Die farbempfindlichen Rhodopsine sind biochemisch gesehen Proteine, was heißt, dass es in den Zellen die dazugehörigen Gene gibt. Inzwischen kann die Wissenschaft dieses genetische Material isolieren und analysieren. Auf diese Weise lässt sich unter anderem nachsehen, wie andere Organismen ihr Sehvermögen auf der Ebene der Gene angelegt und strukturiert haben. Wer wissen will, ob Tiere Farben sehen und wie viele Nuancen (Farbtöne) sie dabei unterscheiden können, braucht keine komplizierten Versuche mehr zu machen, bei denen geprüft wird, ob und wie etwa Affen Rot und Grün unterscheiden können. Mittlerweile schaut man bei den Genen nach und ermittelt, welche für das Farbsehen relevante Erbinformation in welcher Form zu finden ist. Dabei sind einige Überraschungen zutage getreten. Zum Beispiel haben Hunde und Kühe nur zwei Zapfentypen; sie sind rotgrünblind, wie man sagen kann. Rinder können überhaupt keine Farbunterscheidungen treffen, was zu der deprimierenden Einsicht führt, dass das rote Tuch, mit dem ein Torero in der Stierkampfarena herumfuchtelt, eine Schau für das Publikum ist und auch grün oder grau sein könnte. Das rasende Rind reagiert auf die wedelnde Bewegung des Toreros mit dem Tuch. Das führt zu der Frage, warum die zusehenden Menschen in der Arena das Rote lieben und bevorzugen. Vielleicht denken sie dabei voller Vorfreude an das Blut, das fließen soll.

Am Anfang war Blau

Die methodischen Fortschritte der Genetik erlauben es inzwischen, durch genaue Analyse der Unterschiede zwischen den Genen für die farbspezifischen Rhodopsine den Zeitpunkt abzuschätzen, an dem die beteiligten Gene begannen, sich in evolutionären Zeiten auseinanderzuentwickeln. Die Wissenschaft geht bei ihren Überlegungen davon aus, dass es früher in der Geschichte des Lebens einen einzigen Urzapfen gegeben hat, ohne dass man die mit ihm mögliche Farbwahrnehmung zu deuten wüsste. Mit seiner Vorgabe konnten sich im Laufe der Evolution drei Farbempfänger herausbilden, was durch Variationen in dem Gen für das ursprüngliche Rhodopsin im vermuteten Urzapfen möglich geworden sein muss. Bei den Analysen stellte sich zur allgemeinen Überraschung heraus, dass vor allen anderen ausgerechnet die Fähigkeit entstanden ist, Blau wahrzunehmen. Erst danach setzten die weiteren Aufspaltungen ein, die zu Rot- und Grünempfindlichkeiten führten – wobei all dies vor mehr als 30 Millionen Jahren passiert sein muss. Diese riesige Zahl wird angeführt, um die Länge der evolutionär wichtigen Zeiten wenigstens ahnen zu können.

Natürlich wird man jetzt fragen, was denn der Vorteil der frühen Blauerfahrung gewesen sein könnte. Das evolutionär Sinnvolle der Unterscheidung von Rot und Grün scheint auf den ersten Blick leichter erklärbar zu sein, hilft sie den Lebewesen doch, problemlos die reifen Früchte im Gebüsch zu orten, die sich leichter als Blätter verdauen lassen und deren Verzehr mehr Energie freisetzt, was auf jeden Fall als Vorteil im Überlebenskampf angesehen werden kann. Rötungen auf der Haut infolge von gut durchbluteten Organen sind zudem ein gutes Signal für Empfängnisbereitschaft. Denn ähnlich wichtig wie die Ernährung ist für ein Lebewesen die Fähigkeit, einen Partner für die Erzeugung von Nachwuchs zu finden. Man könnte mit diesen Hinweisen den Eindruck gewinnen, dass Rot als die erste Farbe des Lebens auftritt. Aber wie gesagt: Es ist das Blau, wie den Ergebnissen der Genetik entnommen werden kann, und die keineswegs triviale Frage lautet, ob und wie sich das verstehen und erklären lässt.

In der Literatur trifft man auf eine über das Naturwissenschaftliche hinausgehende Antwort auf die Frage, die mit dem Wort selbst zu tun hat. Hier heißt es, dass der Himmel für normalsichtige Mitteleuropäer, die keine ungewöhnlich auffällige Sprache sprechen, deshalb blau ist, weil sie einen Ausdruck dafür haben, eben «Blau». Nun gibt es Sprachen, die unterschiedliche Wörter für Hell- und Dunkelblau benutzen und also keinen blauen Himmel in der hier beschriebenen Sicht kennen. Er sieht für sie am Mittag anders aus als in der Dämmerung. Es gibt zudem Menschen, die in ihrer Kultur nur über die Farbwörter

Schwarz, Weiß und Rot verfügen, und es gibt nicht zuletzt Sprachen, die die beiden Farbtöne Blau und Grün nicht auseinanderhalten und deshalb die genannten Eindrücke wahrscheinlich nur als verschiedene Schattierungen einer Farbnuance wahrnehmen, die man scherzhaft «blün» nennt. Kurioserweise haben die «alten Griechen» die Farben nicht so genau unterschieden, wie es heute geschieht. Homer, der Dichter der *Ilias* und der *Odyssee*, hat das Meer, das von Urlaubern in diesen Tagen selbstverständlich als blau beschrieben wird, mit einem anderen Wort bezeichnet, das so etwas wie «weindunkel» meint, wie aus aktuellen Übersetzungswerkstätten zu erfahren ist.

Diese Überlegung erlaubt eine nicht in der Biochemie steckenbleibende Antwort auf die Frage, warum die Evolution Menschen zuerst die mit «blau» bezeichnete Wahrnehmung mit auf den Lebensweg gegeben hat. Die Blautöne könnten frühen Exemplaren der Spezies *Homo sapiens* geholfen haben, sich besser in der hereinbrechenden Dunkelheit zu orientieren, also in der Zeitspanne des vergehenden Tages, die den Menschen auch als «Blaue Stunde» vertraut ist. Sie wird in literarischen Werken nicht nur gerne mit Melancholie in Verbindung gebracht, sondern auch als der Zeitraum geschildert, in der einsame Spaziergänger gefährdet sind. Das intensive Blau des Himmels, das in diesen Minuten viel dunkler als seine strahlende Variante am Tage erscheint, benötigt eine andere Erklärung als die der Rayleigh-Streuung, die oben für die Farbe des Himmelszelts zur Mittagszeit gegeben worden ist.

Die Wissenschaft führt die Farbe der blauen Dämmerstunden auf die Wirkung des Ozons zurück, das sich in Luftschichten befindet und Licht im gelben, orangenen und roten Bereich des Spektrums absorbieren kann. Erstmals beschrieben hat das um 1800 der französische Chemiker James Chappuis – ohne dass sich damals jemand dafür interessierte. Erst 1952 hat der amerikanische Physiker Edward Hulburt gemerkt, dass im Verlauf der Dämmerung der Weg des Lichts durch die Erdatmosphäre derart stark abnimmt, dass die Rayleigh-Streuung jede Bedeutung für die Erklärung der Blaufärbung verliert und stattdessen die vom Ozon bewirkte Chappuis-Absorption die Regie übernimmt. Dieser Mechanismus scheint nicht weit bekannt zu sein. Hulburt selbst hat so etwas geahnt und geschrieben:

> Der nichtsahnende Beobachter, der während eines Sonnenuntergangs auf dem Rücken liegend in den klaren Himmel schaut, sieht nur, dass der Himmel über ihm, der vor dem Sonnenuntergang blau war, dasselbe leuchtende Blau beibehält, während die Sonne untergeht und es anschließend während der Dämmerung immer dunkler wird. Er ist sich nicht bewusst, dass die Natur, um dieses anscheinend so selbstverständliche und naheliegende Ergebnis zu produzieren, recht großzügig ganz tief in die optische Trickkiste gegriffen hat.

Auf die Mischung kommt es an

Blau entwickelte in den Kulturen eine ungewöhnliche Attraktivität. Die Wissenschaft meldet, dass sich zwar vor 100 000 Jahren Pigmente sowohl aus rotem und gelbem Ocker als auch aus Holzkohle gewinnen ließen, Blau zeigte sich dabei aber nicht. In Babylon und Ägypten konnten Menschen auf den Halbedelstein mit dem Namen Lapislazuli zurückgreifen, aus dem der Farbstoff Ultramarin hervorging, der so heißt, weil seine Quelle von Europa aus gesehen jenseits des Meeres lag. Seit dem frühen Mittelalter werden blaue Pigmente aus Lapislazuli angefertigt. Blaue Glasfenster gehen auf das 12. Jahrhundert zurück, und die Muttergottes bekam anschließend auf den Gemälden einen blauen Rock. Danach begannen erste Könige, sich in blaue Gewänder zu hüllen. Lapislazuli erlaubte es auch, das in der Kunstgeschichte bewunderte Fra-Angelico-Blau anzufertigen, das aus dem tiefblauen Gestein durch Reinigungsverfahren gewonnen wird. Dabei kommt ein Mineral namens Lasurit zustande, das chemisch betrachtet ein Natrium-Aluminium-Silikat darstellt. Das Fra-Angelico-Blau konnte mit Wasser und Leim vermischt werden und öffnete auf diese Weise den Weg zu den Aquarellfarben.

Physikalisch kann man die Schwierigkeit, einen blauen Farbstoff herzustellen, mit dem Hinweis verständlich machen, dass blaues Material rotes Licht absorbieren muss, dessen Energie niedrig ist. Es kann dem Stoff nur wenig abgeben. Dies bedeutet, dass eine blaue Chemikalie eng beieinanderliegende Zustände von Energie aufweisen muss, um das Licht einzufangen, dessen Fehlen ihr die blaue Farbe gibt. Solche Chemikalien lassen sich weder einfach finden noch herstellen. Auch als Farbe von Blumen kommt das Blau kaum vor. Der synthetische Farbton, der Berliner Blau oder Preußisch Blau heißt und heute in jeder Farbpalette enthalten ist, wurde zu Beginn des 18. Jahrhunderts von dem Chemiker Johann Jacob Diesbach eher zufällig gefunden, als er sich mit der Möglichkeit beschäftigte, das Karminrot im Reagenzglas herzustellen, das sonst aus Schildläusen extrahiert werden musste. Als Diesbach einmal Pottasche auf ein Destillat aus tierischen Gemischen tropfte, leuchtete die Brühe nicht rot, wie erwartet, sondern strahlte blau. Mit Hilfe von Menschen mit einem Händchen für das Kommerzielle wurde das Berliner Blau danach in Gold verwandelt.

Als erstes großes Werk, bei dem die neue Farbe zum Einsatz kam, nennt die Kunstgeschichte *Die Grablegung Christi*, die der

Niederländer Pieter van der Werff 1709 gemalt hat. Am blauen Himmel ziehen weiße Wolken dahin, während der blaue Schleier leuchtet, der das helle Gesicht der Jungfrau verdunkelt. Nach diesem chemischen und ästhetischen Erfolg stieg Blau zur Farbe des allgemeinen Fortschritts auf, der sich forthin vor allem in den Naturwissenschaften vollzog.[10] Aber er ist auch in die Kulturgeschichte eingegangen: in die blaue Blume der Romantik etwa oder in den Namen der Künstlervereinigung um Wassily Kandinsky und Franz Marc, die sich spaßhaft *Der Blaue Reiter* nannte.

An dieser Stelle ist es nötig, auf einen Unterschied bei den Farben einzugehen, der im Laufe der Kunst- und Wissenschaftsgeschichte gerne übersehen oder übergangen worden ist. Wenn man «Farbe» sagt, kann man entweder das Licht meinen, das diesen Eindruck in einem optisch wahrnehmenden Menschen hervorruft, oder man redet von einem Stoff, der sich als Wasser- oder Ölfarbe auf eine Leinwand bringen lässt oder mit dem man Stoffe und anderes Material bunt färben kann. Der Unterschied wird wichtig, wenn man Farbmischungen betrachtet. Überlagert man Lichtstrahlen, addieren sich deren Farben, wie man sagt. Konkret heißt das, dass Grün und Rot zu Gelb und Grün und Rot und Blau zu Weiß werden. Ein Stoff bekommt seine Farbe, wenn es dem auf ihn fallenden Licht eine Komponente abnimmt und behält, was bedeutet, dass sich Malfarben nicht additiv wie Licht, sondern subtraktiv mischen. Grün und Rot und Blau ergeben dann nicht Weiß, sondern werden im Gegenteil Schwarz. Sie haben alle Farben aus dem Licht herausgefiltert.

Blau am Bildschirm

Die Erfindung blauer und purpurner Farbpigmente stellt einen Teil der Chemiegeschichte dar, an deren kunsthistorischem Ende der Franzose Yves Klein in den späten 1950er Jahren beschließt, nur noch Blau zu malen. Die Farbe erschien ihm «maßlos» und erinnerte ihn an das mächtige Meer und den hohen Himmel. In den 1960er Jahren dann gelingt es Physikern, lichtempfindliche elektronische Bauelemente zu konstruieren, die als «CCD-Sensoren» bezeichnet werden, was «charged coupled device» abkürzt. Mit ihrer Hilfe, für die drei Physiker 2009 mit dem Nobelpreis ausgezeichnet wurden,[11] und dem raffinierten Verstehen von Halbleitern kommen die Farben auf den Displays der Computer und Smartphones zustande. Dahinter versteckt sich eine elegante Anwendung der Idee von Einstein, Licht durch Photonen zu beschreiben. Er wollte damit den sogenannten Fotoeffekt erklären, womit ein Einfluss der Energie von Strahlen auf die Energie von Elektronen gemeint ist. Bei Einstein ging es um die Leitfähigkeit eines Metalls. Aber das Licht wirkt auch auf Halbleiter, vor allem, wenn diese Materialien geeignet präpariert und gekoppelt sind. Die moderne Wissenschaft kann Halbleiter – englisch «semiconductor» – dotieren, wie man sagt. Das heißt, sie kann Halbleitern entweder zusätzliche Elektronen besorgen oder ihnen einige nehmen. Da Elektronen negativ geladen sind und ihr Fehlen sich damit positiv bemerkbar macht, sprechen die Fachleute von p- und n-dotierten Halbleitern; sie können p-n-Übergänge anfertigen. Damit lassen sich seit den 1960er Jahren die oben genannten Sensoren bauen, die anfänglich rotes, grünes und blaues Licht einfangen und speichern konnten, die aber inzwischen als Quartett funktionieren und noch Platz für die Farbe Emerald bieten, eine Art Smaragdgrün.

Das viele Schauen der Menschen auf ihre Bildschirme scheint irgendwann ihren Augen und allgemein ihrer Gesundheit zu schaden. Blau gilt dabei als die schuldige Farbe. Sie scheint vor allem die Produktion des für den Schlaf notwendigen Hormons Melatonin zu senken. Der Vorschlag lautet, das Smartphone mit einem Nachtmodus zu versehen, bei dem erst gar keine Blauanteile emittiert werden. Dabei ist es eigentlich die Lieblingsfarbe der meisten Menschen. Psychologen setzen Blautöne gerne bei Depressionen ein, um die Stimmung ihrer Patienten aufzuhellen.

Farbfotografie

In meiner Jugend schwärmten die Menschen, die gerne die Welt und ihre Familie fotografierten, von den Farbfilmen, die unter den Namen Kodachrome oder Agfachrome auf dem Markt waren und Kulturgeschichte geschrieben haben. Der Weg zu diesen Spitzenprodukten beginnt bereits in der Frühzeit der Fotografie, nachdem es erstmals überhaupt gelungen war, mit Licht zu schreiben, wie man «fotografieren» übersetzen kann. 1891 konnte eine «Methode der Photographie in Farbe mittels Interferenzmethode» vorgestellt werden, wobei Interferenz das Ergebnis der Überlagerung von Wellenzügen meint. Über das Auslöschen einzelner Komponenten lassen sich dadurch nicht zuletzt Farbeffekte bewirken. Irgendwann begann man lichtempfindliche Stoffe in Schichten auf Filme aufzutragen; ab 1935 stellten die Firmen Kodak und Agfa die Dreischichtenfilme vor, die sowohl Amateure als auch Profis überzeugten.

Das erste Farbfoto ist dem bereits oben erwähnten Physiker James Clerk Maxwell zu verdanken. Einfach und geschickt setzte er dafür additives Farbmischen ein. Maxwell fotografierte einen bunten Gegenstand durch drei Farbfilter – Rot, Grün und Blau – und projizierte die entsprechenden Aufnahmen – alle schwarz-weiß – übereinander auf eine Leinwand. Und so konnten Menschen 1861 auf die erste Farbfotografie blicken. Sie schauen bis heute mit wachsendem Vergnügen auf die bunten Bilder, die längst vom Display ihrer Smartphones leuchten.

Zu den großen Herausforderungen für die Hersteller von Farbfilmen gehörte es seit je, die erstaunlich bunte Vielfalt von Vogelfedern oder Schmetterlingen festhalten zu können. Die Farbenpracht der Vogelwelt ist keineswegs einfach zu erklären, da zu ihr neben den üblichen Verdächtigen in Form von Farbstoffen wie Melanin auch die Struktur etwa von Pfauenfedern beiträgt, die lamellenartig angeordnet sind. Der Abstand zwischen solchen Lamellen ist mit seinen Zehntausendstel von Millimetern so an die Wellenlängen des Lichts angepasst, dass abhängig vom Einfallswinkel der Sonnenstrahlen verschiedene Farben das Auge erreichen. Zu den am meisten bewunderten Buntmeistern zählen die Schmetterlinge, die im frisch geschlüpften Zustand besonders intensiv gefärbt erscheinen. Ihre Pigmente mit herrlich leuchtenden Orange-, Gelb- und Rottönen können ihre volle Pracht entfalten, bevor das Sonnenlicht sie im Laufe des Lebens auszubleichen beginnt.

Wer jetzt fragt, warum die Schmetterlinge so bunt sind, kann neben dem Gefallen, den Menschen daran haben und den man als Grund ruhig akzeptieren sollte, auch erfahren, dass leuchtende Falter sich auf diese Weise tarnen und ihren potentiellen Fressfeinden signalisieren, ungenießbar zu sein. Was wäre die Welt ohne diese Mimikry, also ohne die Fähigkeit zur Nachahmung? Ist nicht die ganze Welt eine schöne Täuschung? Ihre Schönheit entsteht erst im Kopf sowohl ihrer Betrachter als auch ihrer Betrachterinnen. Sie werden hier eigens genannt, weil Frauen in ihren Augen aufgrund ihrer genetischen Ausstattung zwei unterschiedliche Empfangsmoleküle für das Rot aufweisen können. Männern muss es reichen, überhaupt Rot zu sehen. Sie brauchen nicht mehr.

2

Der Blick zum Himmel

*Wer in einen wolkenlosen Himmel schaut, wundert sich zuerst über
das Blau am Tage und später über die Farben der Nacht, unter denen
das Schwarze dominiert. Wie kommt diese Dunkelheit zustande?
Und warum funkeln die Sterne und fallen nicht herunter? Was wiegen Wolken? Wie können sie Blitze auf die Erde schleudern, und was
fasziniert die Menschen so an ihren Formen? Der Blick an den Himmel hat Einstein zu der Frage geführt, ob der Mond seine Bahn auch
dann noch zieht, wenn ihm niemand zuschaut. Und warum kann
man seine Rückseite nicht sehen? Wenn der Mond die Erde braucht,
braucht die Erde dann auch den Mond? Und was passiert mit dem
Leben auf ihr ohne ihn?*

*Wer heute mit Instrumenten für immer größere Wellenbereiche
an den Himmel schaut, kann die seltsamsten Objekte ausmachen –
Pulsare, Quasare, Schwarze Löcher, Gammablitze und manches
mehr. Sie alle müssen berücksichtigt werden, wenn es um Fragen
nach der Größe und dem Alter des Universums geht. Woher wissen
Astronomen überhaupt, wie weit Sterne von der Erde entfernt sind,
und warum haben sich vor allem Frauen – also Astrominnen – bei
dieser Aufgabe hervorgetan? Man sollte nicht die einfachen Fragen
übergehen, zum Beispiel die, wieso der Abendstern auch der Morgenstern ist, warum der Blick an den Himmel stets ein Blick sowohl in
die Zeit als auch in den Raum ist und wie man eigentlich sicher sein*

kann, dass Kopernikus recht hat, wenn er die Erde um die Sonne und nicht umgekehrt die Sonne um die Erde laufen lässt. Wie gehen Menschen mit dem Wissen um, dass sie die Hälfte ihres Lebens mit dem Kopf nach unten im Weltall hängen? Wo ist unten und wo findet man nach oben? Natürlich bleibt vieles am Himmel unsichtbar – zum Beispiel das Kohlendioxid, das für den Treibhauseffekt sorgt. Was ist da los in der Luft über den Köpfen der Menschen? Gibt es dort doch Platz für einen Gott?

Die Dunkelheit der Nacht

Warum wird es nachts dunkel? Diese Frage wird in der Literatur unter dem Namen «Olbers'sches Paradoxon» diskutiert. Man ehrt damit den Bremer Arzt Heinrich Wilhelm Olbers, der sich nachts als Astronom betätigte. 1820 gab er seine Praxis auf – vorgeblich aus Gesundheitsgründen –, um sich mit einer Frage zu beschäftigen, die ihn irritierte und die er 1832, dem Todesjahr Goethes, so beschrieb:

> Sind wirklich im ganzen unendlichen Raum Sonnen vorhanden, sie mögen nun in ungefähr gleichen Abständen von einander oder in Milchstraßen-Systeme vertheilt sein, so wird ihre Menge unendlich, und da müsste der ganze Himmel ebenso hell sein wie die Sonne. Denn jede Linie, die ich mir von unserem Auge gezogen denken kann, wird nothwendig auf irgend einen Fixstern treffen, und also müsste uns jeder Punkt am Himmel Fixsternlicht, also Sonnenlicht zusenden.

Mit anderen Worten: Wenn es unendlich viele Sterne gibt, was Olbers für selbstverständlich hielt, stellte sich die Frage: Warum sieht der Nachthimmel schwarz und nicht wie die weiß gestri-

chene Decke eines Zimmers aus? Unermesslich viele Sterne sollten ein leuchtendes Firmament liefern. Oder?

Wer als Versuch einer Erklärung die Überlegung anbietet,
dass die Helligkeit der Sterne mit der Entfernung zu ihren Beob-
achtern abnimmt und die Himmelskörper erst immer weniger
und zuletzt gar nicht mehr zu sehen sind, dem kann man mit
der Tatsache begegnen, dass bei einer gleichmäßigen Besetzung
des Himmels mit Sternen – und etwas anderes kommt ohne
weitere Annahmen nicht infrage – die Zahl der strahlenden Objekte nach außen hin weiter zunimmt, und zwar gerade so, dass
die abnehmende Leuchtkraft einzelner Sterne durch ihre wach-
sende Zahl ausgeglichen wird.

Die Frage «Warum ist es nachts dunkel?» bleibt also bestehen,
und sie irritiert die Wissenschaft, weil sie deren Vertretern in
die Augen springt. Eine amüsante Antwort hat der Philosoph
Hans Blumenberg vorgeschlagen. In seinem Buch über *Die Vollzähligkeit der Sterne* findet sich die Formulierung, dass man von
der Erde aus gerade dann *keine Sterne* sehen könnte, wenn es *nur
Sterne* gäbe. Tatsächlich: Wenn der Nachthimmel gleichmäßig
von immensen Sternmengen erleuchtet wäre, dann könnten
Menschen ein durchgängiges Weiß, aber keinen einzelnen Stern
als einzelnes Objekt sehen. Die Dunkelheit der Nacht bietet
den staunenden Erdbewohnern überhaupt erst die Chance, die
leuchtenden Objekte separat am Himmel wahrzunehmen, von
denen man seit Menschengedenken angenommen hat, dass mit
ihrem Licht Botschaften aus höheren (jenseitigen) Sphären zur
Erde kommen, deren Bedeutung astrologische Sterndeuter zu
lesen versuchen.

Viele historische Überlegungen zum Olbers'schen Paradoxon
haben sich auf die Möglichkeit gestützt, dass es nicht unermess-
liche viele Sterne, sondern nur eine endliche Anzahl von ihnen

gibt. Doch die Annahme von abzählbar vielen Sternen führt zu dem Gedanken, dass Menschen in einer Welt leben, die nur *endlich groß* ist. Denn wozu dient unendlich viel Platz, wenn er von niemandem gebraucht und nicht besetzt wird? Wo nichts ist, lässt sich auch nichts erkennen – weder eine Ordnung noch eine Unordnung. Ist das Schwarze weit draußen überhaupt noch ein Kosmos – dort, wo es nichts mehr gibt, womit man den Namen, der im Griechischen Ordnung oder Schmuck meint, rechtfertigen könnte? Wenn das Universum nur endlich weit reicht, wie sieht sein Rand aus und was könnte sich dahinter befinden? Noch eine Form der Dunkelheit? Eine Finsternis? Oder eine ganz neue – und vielleicht bessere – Welt?

Mit anderen Worten: Die Frage nach der Farbe der Nacht und allgemein nach der Dunkelheit des Kosmos muss sorgfältiger bedacht werden, als man zunächst meint. Die Antworten erfordern gezielte Annahmen über die Welt und den Ort des Menschen in ihr. Solche Vorgaben sind nicht umsonst zu haben, und sie können nicht nur die Dimension des Raums betreffen. Man muss auch über die Zeit spekulieren, die dem Weltall seit seinem Anfang zur Verfügung steht. Je nach Länge der Zeit könnte es nämlich sein, dass Olbers und alle, die nach ihm kamen, die meisten Sterne am Himmel allein deshalb nicht sehen, weil sie derart weit entfernt sind, dass das von ihnen ausgehende Licht noch gar nicht genügend Zeit gehabt hat, um auf der Erde einzutreffen. Allerdings müsste man sich in diesem Fall darüber wundern, wie die Sterne selbst an diese so fernen Orte gekommen sind. Oder waren sie dort schon immer?

Diesen zuletzt geschilderten Zusammenhang hat als Erster ein Zeitgenosse von Olbers, der amerikanische Dichter Edgar Allan Poe, in Erwägung gezogen. Im Februar 1848 – ein Jahr vor seinem frühen Tod – sprach Poe in der Society Library in New

York mehr als zwei Stunden über die Entstehungsgeschichte des Kosmos, über die «cosmogony of the universe», wie es wörtlich bei ihm heißt. Merkwürdigerweise spricht man hierzulande statt von Kosmogonie lieber von einer Kosmologie, was zwar nach Logik klingt, trotzdem aber klanglich an die skurrile Astrologie erinnert. Traut man sich nicht zu, eine Kosmogonie oder eine der Astronomie vergleichbare Kosmonomie zu entwerfen, die nach den Gesetzen fragt, die bei der Entstehung des Himmels eine Rolle gespielt haben müssen und die viele Menschen kennen möchten?

Poe wollte eine dynamische Kosmogonie entwerfen, und er hat das Manuskript aus dem Jahr 1848 später in einem Essay mit dem Titel *Eureka: A Prose Poem* zusammengefasst. Poe hat diesen Text seinem Helden Alexander von Humboldt gewidmet, dem die Menschheit neben unendlich vielen Einsichten in die lebende Natur die wundervolle Beobachtung verdankt, dass der Blick an den Himmel – also in den Weltraum – zugleich immer ein Blick in die Zeit ist, weil das Licht, das von den Sternen kommend die Augen erreicht, für die zurückgelegte Strecke oftmals viele Jahre benötigt hat und damit nicht nur aus der Tiefe des Raumes, sondern auch aus dem Brunnen der Vergangenheit kommt. Wer zum Beispiel das Sternbild Großer Wagen am Himmel ausmacht, sieht Strahlen, die vor mehr als einhundert Jahren ihre Reise durch den Kosmos angetreten haben. Die Astronomen geben kosmische Distanzen gern in Lichtjahren an. Damit ist die Strecke gemeint, die Licht in einem Jahr bewältigen kann. Bei etwa 300 000 km/sec ergibt das knapp 10 Milliarden Kilometer. Zum Glück ist die Sonne nur ein paar Lichtminuten und der Mond etwa eine Lichtsekunde vom irdischen Leben entfernt.

Zurück zu Poe, der sich ein pulsierendes Universum vorstellte, das wie ein schlagendes Herz expandieren und kontrahieren sollte. Wenn sich Poe, den die Dunkelheit mehr faszinierte als das Licht, in seinem Text dem Nachthimmel zuwendet, schreibt er:

> Gäbe es eine endlose Folge von Sternen, dann würde uns der Hintergrund des Himmels eine gleichförmige Helligkeit präsentieren, so wie sie die Milchstraße zeigt – denn dann gäbe es in dem ganzen Hintergrund absolut keinen Punkt, an dem kein Stern existieren würde. Das einzige Schema, mit dem wir unter diesen Umständen die *Leere* verstehen können, die unsere Teleskope in unzählige Richtungen finden, müsste annehmen, dass die Entfernung des unsichtbaren Hintergrunds derart riesig ist, dass noch kein Lichtstrahl von da in der Lage gewesen ist, uns zu erreichen.

Poe spricht nicht nur die Geschwindigkeit des Lichts und das Alter der Sterne an, er bringt in seinem Vortrag zudem weitere originell und aktuell wirkende Ideen in die Debatte um den Kosmos ein. So antizipiert er den heute in Form von Galaxienhaufen nachweisbaren hierarchischen Aufbau des Universums als «cluster of clusters» und vermutet sogar, was Einstein zu dem maßgeblichen Gedanken seiner Kosmologie machen wird, nämlich «space and duration are *one*», Raum und Zeit bilden eine Einheit.

Das Faszinierende am Olbers'schen Paradoxon besteht darin, dass seine Erörterung es erfordert, sich einen kosmologischen Rahmen vorzugeben. Mit anderen Worten: Erst entscheidet man, wie man sich den Kosmos vorstellt, und dann wird zu erklären versucht, warum er unter diesen Vorgaben schwarz erscheint. Wer sich heute ein Bild des Universums machen will, muss Einsichten der Relativitätstheorie von Einstein nutzen und darf sich die Entstehung der Welt als eine Art von Schöpfungsakt aus einem singulären Punkt heraus vorstellen. Gemeint ist das kosmische Ereignis vor undenkbar ferner Zeit, das als Urknall («Big Bang») bezeichnet wird und mit dem selbst die Hüter der katholischen Lehre im Vatikan ihren Frieden zu machen bereit sind – wenn man Gott die Erzeugung des großen Knalls überlässt (und ihm keine andere Wahl und keine weitere Freiheit lässt).

Beobachter sehen die Sterne am Himmel nicht so, wie sie jetzt aussehen. Sie sehen die Sterne am Himmel so, wie sie ausgesehen haben, als das Licht auf die Reise ging, das heute ein menschliches Auge erreicht. Sterngucker sehen am Himmel keine Gegenwart, sondern Vergangenheit. Sie sehen die Sonne, wie sie vor einigen Minuten ausgesehen hat, sie sehen den Polarstern, wie er vor Hunderten, und den Andromeda-Nebel, wie er vor Millionen von Jahren ausgesehen hat.

Man stelle sich nun einen Beobachter in einer sich dynamisch ausweitenden Welt vor, wie es die Abbildung zeigt, mit deren Hilfe der Astrophysiker Rudolf Kippenhahn veranschaulicht, warum der Blick in der Vergangenheit eine schwarze Wand zeigt. Das Menschlein blickt in die Vergangenheit und bis in die Zeit zurück, als es noch keine Sterne gab. Die Materie konnte damals überhaupt noch keine Strukturen bilden, wie die Physiker wissen. Sie können zudem Auskunft geben über das, was es noch weiter draußen, also noch weiter zurück in der Vergangenheit, gegeben hat. Konkret können sie die Zeit ins Auge fassen, als nach dem Urknall rund 300 000 Jahre vergangen waren. Dies ist der Augenblick (!), «in dem die Welt gerade durchsichtig wird», wie Kippenhahn in seiner *Kosmologie für die Westentasche* schreibt. Danach – wenn das Weltall weiter abkühlt – können

Atome entstehen, und sie lassen Licht durch. Vorher bestand der Kosmos aus einer Art Plasma, das für Licht so undurchlässig war wie dichter Nebel. Das Schwarz des Himmels ist also «eine undurchsichtige Wand von 3000 Grad Kelvin», so Kippenhahn. Und er fügt einschränkend hinzu: Es ist nicht so, «dass die Materie weiter draußen heute noch undurchsichtig wäre, nein, sie war es damals, als sie das Licht aussandte, das uns heute erreicht. Weiter hinaus, oder, besser gesagt, weiter zurück in die Vergangenheit reicht unser Blick nicht.»

Was sich nachts am Himmel zeigt, ist das Universum zu einem Zeitpunkt, als es noch undurchsichtig war. Das heißt genauer, dass der Stoff, aus dem die damalige Welt war, kein Licht durchließ. Materie im heutigen Sinne mit Atomen gab es so kurz nach dem Urknall noch nicht. Dazu war es zu heiß. Die elementaren Teilchen – Protonen und Elektronen – versuchten sich zwar aufgrund ihrer unterschiedlichen Ladung einzufangen (um ein Wasserstoffmolekül zu bilden), aber immer wieder kam ein Lichtteilchen vorbei und trennte, was sich anfänglich und eigentlich finden wollte. Erst als das Weltall auf 3000 Grad Kelvin abkühlte, blieben die Atome zusammen und das Licht konnte passieren.[12] Damit scheint das Olbers'sche Paradoxon aufgelöst – aber noch nicht ganz. Immerhin ist dabei von einer Temperatur von vielen Tausend Grad die Rede. Selbst wenn dies von einem superheiß gedachten Urknall aus gesehen nach wenig klingt, so bleibt doch zu konstatieren, dass jede derart erhitzte Materie weiß zu glühen anfangen und hell leuchten würde. Sie sieht aber pechschwarz aus. Wie hebt die heutige Physik diesen Widerspruch auf?

Die Antwort steckt in der Relativitätstheorie und der mit ihr möglichen Idee, dass sich das Universum ausdehnt. Die Materie bewegt sich von der Erde weg, was dazu führt, dass das Licht, das uns erreicht, energiearm und langwellig geworden ist. Das Licht ist so langwellig – nicht langweilig – geworden, dass menschliche Augen es nicht mehr registrieren können. Wohl aber die Geräte der Astronomen, die es als die berühmte kosmische Hintergrundstrahlung erkennen lassen. Um es in den schönen Worten von Kippenhahn zu sagen: «Dass es nachts dunkel wird, zeigt uns, dass es die Sterne nicht seit jeher gibt und dass sich das Weltall ausdehnt. Es verwundert, dass für die Beobachtung, die uns zu solchen grundlegenden Eigenschaften des Weltalls führt, keine Riesenteleskope und auch kein Fernrohr in einer Umlaufbahn nötig sind. Dazu genügt allein der Blick aus dem Fenster.»

Ihn bringt natürlich nur zustande, wer seine Augen vom TV-Bildschirm löst und sich selbst ein Bild vom Wunder des Nachthimmels macht. Diese Art des Fernsehens ist doch viel schöner als das vor dem flimmernden Kasten im Wohnzimmer.

Das Verlangen nach Astrologie

Die ersten Menschen, die ihren Blick an den Himmel richteten, haben weniger nach Gesetzen und mehr nach Orientierung gesucht – nicht nur nach einer Orientierung für die Richtung, die sie bei ihren Jagdunternehmungen einschlagen sollten, sondern neben der Orientierung für den jeweiligen Tag auch nach einer für ihre Lebensreise. Es ging den Sinnsuchenden früher vermutlich darum, die Konfigurationen, die sich am Firmament ausmachen lassen, zu deuten und als Hinweise für das Ganze ihres Daseins zu nutzen. Mit anderen Worten, Menschen haben zuerst einmal Astrologie betrieben. Diese Beschäftigung mit den Sternen erfreut sich bis heute großer Beliebtheit, ohne dass es die Astrologie als Disziplin jemals zu akademischen Ehren gebracht und Platz an einer Universität gefunden hätte. Die Popularität dieser sinnlichen und für viele sinnvollen Art der Himmelsschau ist unübersehbar, und wer fragt, warum das so ist, wird sich für den Hinweis interessieren, dass Historiker und Philosophen eine Periode in der Geistesgeschichte der Menschheit ausgemacht haben, die sie Achsenzeit nennen und in der *Homo sapiens* eine zweite Art von Wirklichkeit entdeckt hat: eine jenseitige Welt neben der diesseitigen, eine transzendente neben der immanenten Sphäre.

Als «Achsenzeit» hat der Philosoph Karl Jaspers die Jahrhunderte zwischen 800 und 200 vor Christi Geburt bezeichnet, in der die *Upanischaden* entstanden, in Palästina die Propheten auftraten und Griechenland Dichter wie Homer und Philosophen wie Parmenides, Heraklit und Plato hervorbrachte. Und das ist nur eine Auswahl aus dem ungeheuren Geschehen dieser Umbruchsphase, in der ein mythisches Verstehen der Welt durch eine Reflexion der Grundbedingungen jeder menschlichen Existenz abgelöst wurde. Dazu gehörte die Akzeptanz einer jenseitigen (transzendenten) Sphäre, aus der man Botschaften für das Schicksal erwarten konnte, die den Erdenmenschen in Form von Sternzeichen gegeben wurden. Von nun an spielten Priester und Propheten im Leben der Menschen eine wichtige Rolle, weil sie sich die Aufgabe zutrauten, den eigentlich unzugänglichen Willen der Götter zu deuten, die über den Dingen schwebten.

So kam der Mensch zur Astrologie, von der der Dichter Stefan George einmal bemerkt hat, dass ihre Anhänger den Glauben an die Einheit der Kräfte übertrieben haben – ein Vorwurf, den Kritiker auch der modernen Wissenschaft machen. Möglicherweise findet sich in diesem Verlangen nach einem einheitlichen Zusammengehören die Erklärung für die seit Jahrtausenden ungebrochene Faszination, die von der Astrologie bis heute ausgeht: Wie kommt es, dass trotz aller Aufklärung 50 Prozent der erwachsenen Bevölkerung in den westlichen Industrienationen einen Einfluss der Gestirne auf das menschliche Schicksal für möglich halten und etwa 25 Prozent von solch einem Einfluss sogar überzeugt sind?

Wer darüber hinweghuschen will und mit guten Gründen verkündet, dass Astrologie nichts anderes als eine falsche und unsinnige Theorie zur Erklärung nicht nachweisbarer Tatbestände sei, trifft bei Menschen auf taube Ohren, die an Horoskopen hängen und vertrauensvoll Sterndeutern mit ihren Glaskugeln lauschen. Ihnen gefällt, dass Astrologen schicksalhafte Geschichten erzählen, während Astronomen seelenlos Objekte zählen. Menschen möchten das Gefühl vermittelt bekommen, dass sie nicht allein und verloren in der unendlichen Leere und Weite des Kosmos umherirren, sondern von einer höheren Ordnung umsorgt werden und ihren Platz im Ganzen zugewiesen erhalten, auf dem sie dann demütig und dankbar ihre Existenz bestreiten.

Um Missverständnissen vorzubeugen: Dies soll kein Plädoyer für irgendeine Art der Astrologie oder banale Formen der Sinnsuche sein. Diese Bemühungen von Menschen bekommen ihre Bedeutung nur im Verbund mit der Wissenschaft (die wiederum auch Platz und Bedarf für die anderen Aktivitäten schafft), und nur wer ihren komplementären Hintergrund kennt, sollte vorne auf der Bühne stehen und seine Rolle spielen. In dem Wort Horoskop steckt in griechischer Sprache die Aufforderung, eine bestimmte Stunde, die der Geburt, zu notieren und in den früher üblichen Darstellungen des Himmels – den Himmelskarten – zu verorten. Solche Karten stellen vor allem den Tierkreis – den Zodiak – dar, den zum Beispiel die zwölf bekannten

Bilder ausschmücken, die jeder kennt oder kennen sollte: Widder, Stier, Zwillinge, Krebs, Löwe, Jungfrau, Waage, Skorpion, Schütze, Steinbock, Wassermann und Fische. Diese Unterteilung ist auf einen Zeitpunkt zu datieren, der vor dem Jahr 500 vor Christi Geburt liegt. Mit anderen Worten, die Sternbilder und ihre Reihenfolge wurden vor mehr als 2500 Jahren festgelegt, und hier taucht in der Tat ein Problem auf. Zwar lassen sich die Bilder festhalten, nicht aber die Sterne, auch wenn sie nicht vom Himmel fallen. Es gehört zu den beliebten Hinweisen der auf Rationalität eingeschworenen und von wissenschaftlichen Argumenten besessenen Gegner der Astrologie, dass sich die ganze Konstruktion in den vergangenen Jahrtausenden um eine Einheit verschoben hat und ihre Zuordnungen unsinnig geworden sind und längst nicht mehr zutreffen.

Zuerst die wissenschaftliche Seite: Welche Sterne in welcher Anordnung zu sehen sind, hängt von dem Ort der Beobachter auf der Erde und von ihrer Bewegung im Laufe der Zeit ab. In erster Näherung vollzieht der Heimatplanet der Menschen drei Bewegungen: Er dreht sich um sich selbst, er kreist um die Sonne, und er lässt seine Erdachse um den Pol der Ekliptik rotieren. Das zuletzt genannte Kreisen nennen die Astronomen Präzession, und diese Bewegung ist die mit Abstand langsamste. Sie braucht rund 28 500 Jahre für einen Umlauf – im Gegensatz zu dem Tag und zu dem Jahr, das die ersten beiden Drehungen benötigen. Sowenig die Präzession im persönlichen Leben und individuellen Wahrnehmen eine Rolle spielt, so spürbar verschiebt diese sanfte Bewegung die Sternbilder, wenn man ihr Zeit genug gibt. Jedes Jahr rückt der sogenannte Frühlingspunkt ein winziges Stückchen vor, was nach vielen tausend und abertausend Tagen eine Inkongruenz der Sternbilder mit sich bringt. Tatsächlich steht an der Stelle, wo Astrologen den Widder sehen, das Bild der Fische, und entsprechend sind alle übrigen Bilder weitergewandert.

Jetzt kommt die Frage der Bewertung: Ist dies ein Argument gegen astrologische Beratungen und ihre Weissagungen oder nicht? Offenbar nicht, wenn man ihre Betreiber fragt; sie lassen sich aus vielen Gründen nicht durch die erkannte Präzision der fortwährenden Präzession irritieren. Einer der Gründe steckt in der Geschichte der Astrologie, die mit den Babyloniern beginnt. Ihre Sterndeuter oder Priester kannten das Konzept der Präzession noch nicht. Ihren scharfen Augen aber war nicht entgangen, dass die Sonne am Beginn des Sommers, der durch den längsten Tag (mit dem meisten Licht) definiert wurde, nie an der exakt gleichen Stelle im Sternbild Krebs erschienen ist, sondern von Jahr zu Jahr ein klein wenig verschoben auftrat. Der Unterschied war gering, aber sichtbar vorhanden, und so ließen sich die Babylonier als gute Wissenschaftler etwas einfallen. Sie entwickelten einen neuen Tierkreis, der auf Jahreszeiten bezogen wurde und heute tropischer Tierkreis heißt. Er enthält nicht mehr die bekannten *Bilder* (die offenbar nie leicht auszumachen waren und von vielen Menschen selbst beim besten Willen und mit größter Anstrengung nicht zu finden sind), dafür aber *Zeichen*. Nun hat man sich leider angewöhnt, die Tierkreiszeichen mit denselben Namen zu versehen wie die Bilder, und damit hat man bis in unsere Zeit hinein Verwirrung gestiftet. Der tropische Tierkreis mit seinen Zeichen beginnt da, wo die Sonne zu Frühlingsbeginn steht, und dieser Zeitpunkt – der Frühlingspunkt – ist durch die gleiche Länge von Tag und Nacht charakterisiert (Tagundnachtgleiche). Der Jahreslauf der Sonne wird in zwölf gleiche Abschnitte eingeteilt, und in fester Ordnung folgt ein Sternkreiszeichen dem anderen – ohne Probleme und ohne Verschiebung.

Die Ordnung ist damit hergestellt. Ob sie Bedeutung hat, muss jeder für sich spüren und festlegen. Vermutlich werden viele Physiker aus guten Gründen die Astrologie abwerten und verurteilen können, wenn sie die Gestirne erklären will. Doch wird dies die menschliche Neigung zu einer Sinnsuche nicht erschüttern. Den Grund dafür hat Goethe in einem Brief genannt, den er am 8. Dezember 1798 an Schiller geschrieben hat:

> Der *astrologische Aberglaube* ruht auf dem dunkeln Gefühl eines ungeheuren Weltganzen. Die Erfahrung spricht, daß die nächsten Gestirne einen entschiedenen Einfluß auf Witterung, Vegetation u.s.w. haben; man darf nur stufenweise immer aufwärts steigen, und es läßt sich nicht sagen, wo diese Wirkung aufhört. Findet doch der Astronom überall Störungen eines Gestirns durch andere; ist doch der Philosoph geneigt, ja genöthigt eine Wirkung auf das Entfernteste anzunehmen. So darf der Mensch im Vorgefühl seiner selbst nur immer etwas weiter schreiten und diese Einwirkung aufs sittliche, auf Glück und Unglück ausdehnen. Diesen und ähnlichen Wahn möchte ich nicht einmal Aberglauben nennen, er liegt unserer Natur so nahe, ist so leidlich und läßlich als irgend ein Glaube.

Die Vermessung des Himmels

Zurück zu den Fakten. Das Licht braucht etwas mehr als eine Sekunde, um vom Mond aus zur Erde zu kommen, die 384 000 Kilometer weit von ihrem Trabanten entfernt ihre kosmische Bahn zieht. Als die Apollo-Astronauten 1969 die erste Reise zum Mond unternahmen, brauchten sie etwas mehr als drei Tage, um von Florida aus ihr Ziel im Weltraum zu erreichen. Dieser Erfolg ermutigte den damaligen amerikanischen Präsidenten, seiner Weltraumbehörde als nächstes Ziel einen Ausflug zum Planeten Mars vorzuschlagen.

Zu hübschen Gesprächen auf Partys kann die Frage führen, warum die Startrampen für Weltraumflüge in der Nähe des Äquators liegen – in den USA im Süden von Florida und für europäische Flüge in Französisch-Guyana. Hat das mit dem Wetter oder der Attraktivität der Gegend zu tun? Oder nutzen die Ingenieure aus, dass die Drehung der Erde dort ihre größte Geschwindigkeit hat, was den Raketen kostenlos einen natürlichen Schwung verleiht, wenn sie ihre kosmische Reise antreten?

Zurück zu dem Präsidenten, der die letzte Frage gar nicht verstanden hätte und vom Mars schwadronierte, ohne sich vorher zu erkundigen, wie weit denn der Nachbar der Erde von den USA entfernt ist. Die Auskunft dazu fällt schwieriger aus, als man anfangs denkt, weil die Bewegungen der Planeten nicht kreisförmig verlaufen. Deshalb können die Fachleute nur einen Durchschnittswert angeben, und der beträgt 70 Millionen Kilometer. Auf die Nachfrage, wie lange eine Reise zu dem erdnahen Planeten dauern würde, bekommt man mit allen Einschränkungen ein Minimum von neun Monaten genannt. Allerdings liegen die dafür nötigen Bedingungen nicht oft vor, und eine erfolgreich gelandete Marsmannschaft müsste auf dem fremden Planeten einige hundert Tage lang auf die nächste Gelegenheit für einen «raschen» Transfer zurück nach Hause warten. Immerhin braucht ein Lichtsignal vom Mars nur etwa drei Minuten bis zur Erde (gegenüber den acht Minuten von der Sonne bis zur Erde).

Wichtiger als weitere Angaben zu den kosmischen Distanzen erscheint die Frage, wie Menschen solche Entfernungen bestimmen können. Den Abstand zum Mond kennt man heute auf Zentimeter genau. Seit der Apollo-Mission steht dort ein Spiegel, der Laserlicht reflektiert, und auf der Erde können Astronomen mit hoher Präzision die Zeit bestimmen, die ein Strahl hin und zurück benötigt. Aber wie sahen die Möglichkeiten zur Ermittlung von kosmischen Dimensionen aus, als man noch keine Reflektoren im Weltall aufstellen konnte?

Die Antwort verdankt sich der Existenz einer Gruppe von Sternen, die als Cepheiden bezeichnet werden. Dieser ungewöhnliche Name leitet sich von der Bezeichnung Cepheus ab, die ein Sternbild am Nordhimmel bekommen hat. Das erlaubt eine Nebenbemerkung. Die Menschen haben den Objekten über ihren Köpfen gerne Namen gegeben, die aus der griechischen Sagenwelt stammen – deren Kenntnis gehörte früher zur Bildung –, wobei man die Planeten schon früh mit dem altgriechischen Wort für Wanderer bezeichnete. Die einzelnen Wandelsterne bekamen Namen von Göttern – von Mars als Gott des Krieges und Venus als Göttin der Schönheit oder von Götterboten wie Merkur. Eines Tages dann griffen die Astronomen auf Cepheus zurück, den eher unbekannten Vater der Andromeda, die ihrerseits einer berühmten Galaxie ihren Namen gibt. Bereits im 18. Jahrhundert hatten aufmerksame Himmelsbeobachter bemerkt, dass es einen Stern in der heute eher als Kepheus geführten Konstellation gab, dessen Helligkeit schwankte, und diese zeitliche Verschiebung trat sogar periodisch ein.

Sterne mit variabler Lichtstärke hatten die Astronomen also bereits im 18. Jahrhundert bemerkt, aber richtig nutzen ließ sich diese Entdeckung erst, nachdem man sich im 19. Jahrhundert vornehmen konnte, das Pulsieren zu fotografieren und mit Hilfe der Bilder zu dokumentieren und zu analysieren. Um diese Aufgabe machten sich – merkwürdigerweise? – vor allem Frauen verdient, wobei die berühmteste unter ihnen taub war. Sie hieß Henrietta Leavitt, arbeitete am College-Observatorium der Harvard Universität und entdeckte bis zum Ende des 19. Jahrhunderts mehr als 2400 veränderliche Sterne (Cepheiden). Eines Tages richtete sie ihre Aufmerksamkeit auf 25 von diesen Himmelskörpern, die in der Kleinen Magellanschen Wolke zu fotografieren waren. Dabei fiel ihr auf, «dass ein einfaches Verhältnis zwischen der Helligkeit der veränderlichen Sterne und ihren Perioden existiert», wie Henrietta Leavitt 1912 ihrer Zunft mitteilte: Je größer die Helligkeit eines Cepheiden, so konnte sie zeigen, desto länger der Zeitraum zwischen den Maxima des Leuchtens. Dieser harmlos klingende Befund ist deshalb bahnbrechend für die Erkundung des Himmels, weil er es erlaubt, zwei beliebige Cepheiden am Himmel zu vergleichen und dabei ihre relative Entfernung zur Erde abzuleiten. Als es kurz darauf einem Team von Astronomen gelang, die Entfernung zu einem veränderlichen Stern als absoluten Wert zu bestimmen, hielt die Wissenschaft plötzlich einen Zollstock für das Universum in der Hand. Mit den Cepheiden wurde der Kosmos immer größer. Die Schwedische Akademie der Wissenschaften in Stockholm war von Leavitts Leistung so beeindruckt, dass man ihr den Nobelpreis für Physik verleihen wollte. Doch als sich die verantwortlichen Gremien endlich dazu entschließen konnten, war die große Henrietta Leavitt schon verstorben.

Der erdnächste Cepheid ist der Polarstern, der sich leicht am Himmel finden lässt, wenn das Sternbild des Großen Wagen sichtbar ist. Man nimmt dessen Hinterachse ins Visier und verlängert sie fünffach. Dann trifft das Auge auf den Polarstern, ohne allerdings mit unbewaffnetem Auge in der Lage zu sein, dessen Helligkeitsschwankungen zu erkennen. Dazu bedarf es technischer Hilfsmittel, die das Pulsieren erkennen lassen, das von der astronomischen Wissenschaft durch Kontraktionsbewegungen gedeutet wird. Ein kühler Cepheid zieht sich aufgrund der Schwerkraft zusammen und erwärmt das Sterneninnere, das sich nun auszudehnen versucht, dies letztlich auch zustande bringt und sich nach vollbrachter Tat wieder abkühlt.

Wichtiger als der Mechanismus ihres Pulsierens ist an den Cepheiden die Tatsache, dass sie dem Blick in den Weltraum eine Orientierung gaben. Mit ihrer Hilfe lassen sich Entfernungen genau bestimmen, auch wenn sie unsere irdischen Vorstellungen übersteigen. Als Edwin Hubble in den frühen 1920er Jahren erkannte, dass das als Andromedanebel bezeichnete Gebilde eine eigenständige Galaxie neben der Milchstraße ist, erzielte er diesen Erfolg durch die Betrachtung eines variablen Punktes auf einer Fotoplatte. Die genaue Auswertung der verfügbaren Daten zeigte eine Distanz zur Erde von rund einer Million (!) Lichtjahre an. Diese Entdeckung allein hätte genügt, um Hubble berühmt zu machen. Aber er wurde die legendäre Figur, die er ist, durch eine andere Beobachtung, bei der sich ein als Rotverschiebung bekanntes Phänomen mit einer geeigneten Entfernungsbestimmung kombinieren ließ. Mit Rotverschiebung ist gemeint, dass sich die Wellenlängen der von Galaxien ausgehenden Lichtstrahlen von ihrer normalen Farbe hin zum roten Bereich verschoben haben. Die Wissenschaft erklärt dies genauer unter der Rubrik «Doppler-Effekt». Im Alltag lässt er sich wahrnehmen, wenn die Sirene eines heranbrausenden Autos anders klingt als die eines davonrasenden. Mit Hilfe dieses nach dem österreichischen Physiker Christian Doppler benannten Effekts kann aus der Rotverschiebung auf die Geschwindigkeit geschlossen werden, mit der sich die lichtaussendende Galaxie von der Erde fortbewegt. Hubble stellte bei seinen Himmelsbeobachtungen fest, dass diese Geschwindigkeit mit zunehmender Entfernung immer größer wurde. Das ließ sich zurückrechnen, und so kam man zu dem sensationellen und aufregenden Schluss, den Einsteins Theorien dann sogar erklären konnten, dass es nämlich vor vielen Milliarden Jahren einen singulären Punkt gegeben haben muss, in dem alles Material im Weltall seine Reise in die Tiefen des Kosmos begonnen hat – mit einem Urknall, der so heißt, obwohl ihn niemand hören konnte.

Über die und über den Wolken

Wer zu den Sternen greifen will, muss sich an vielen Tagen erst durch die Wolken hindurcharbeiten, hinter denen die Freiheit grenzenlos zu sein scheint, wie einmal Reinhard Mey in einem Lied gesungen hat. Bislang ist vor allem von Sternen die Rede gewesen, obwohl der Blick der Menschen an den Himmel häufig an den Wolken hängen bleibt. Selbst die flockigen Schäfchenwolken, die elegant zu schweben scheinen, wiegen viele Tonnen. Das wissen wir deshalb, weil sich von Flugzeugen oder Satelliten aus sowohl die Größe als auch der Wassergehalt einer Wolke ermitteln und aus beiden Zahlen ihr Gewicht berechnen lässt. Eine am Himmel schwebende Schönwetterwolke kann es mit ihren in Kilometern zu messenden Ausmaßen auf 200 Tonnen bringen. Und jetzt möchte man wissen, warum massive Dinger dieser Art nicht auf die Erde runterdonnern.

Die Antwort kann bei aller Schwere kurz ausfallen: Die einzelnen Wassertropfen oder Eiskristalle in den Wolken sind so winzig und leicht, dass sie durch interne Winde schwebend in der Höhe gehalten werden. Dieser Auftrieb unterbleibt, wenn die Tropfen größer und schwerer werden, was man auf der Erde bald als Regen, Hagel oder Schnee zu spüren bekommt. Bevor der Niederschlag einsetzt, zeigen sich am Himmel Gewitterwolken, die durch die zunehmende Feuchtigkeit dichter und dunkler werden und in denen es zu immer mehr Kollisionen zwischen Wasser- und Eisteilchen kommen kann. In diesem Gewimmel werden die einen negativ und die anderen positiv aufgeladen. Luftströmungen schaffen die leichten Eisteilchen nach oben und bewegen die schwereren Wasserpartikel in die andere Richtung, und so bildet sich zwischen der Wolkenunterseite und der Erdoberfläche ein elektrisches Feld aus, das massiv anwächst und sich zuletzt in einem Blitz entlädt. Dessen helles Leuchten kommt dadurch zustande, dass die elektrische Entladung den Molekülen der Luft einige äußere Elektronen wegschlägt, was Umordnungen nach sich zieht, in deren Verlauf Licht freigesetzt wird. Während die elektrische Entladung die Luft durchjagt, steigt die Temperatur in ihrem Umfeld, und mit ihr gerät der Luftdruck ins Schwanken, was als Donner wahrgenommen wird und die meisten Menschen vermuten lässt, dass es das Leuchten des Blitzes ist, das dessen Grummeln oder Knallen verursacht. Tatsächlich werden sowohl das optische als auch das akustische Geschehen bei einem Gewitter durch die elektrische Entladung bedingt, die sich ihre Bahn bricht, wie gerade beschrieben worden ist.

Noch im 18. Jahrhundert konnte ein Gewitter die Menschen in Angst und Schrecken versetzen, wie Goethe in seinem 1774 verfassten Briefroman *Die Leiden des jungen Werthers* beschrieben hat:

Der Tanz war noch nicht zu Ende, als die Blitze, die wir schon lange am Horizonte leuchten gesehn und die ich immer für Wetterkühlen ausgegeben hatte, viel stärker zu werden anfingen und der Donner die Musik überstimmte. Drei Frauenzimmer liefen aus der Reihe, denen ihre Herren folgten; die Unordnung wurde allgemein, und die Musik hörte auf. [...] Diesen Ursachen muß ich die wunderbaren Grimassen zuschreiben, in die ich mehrere Frauenzimmer ausbrechen sah. Die klügste setzte sich in eine Ecke, mit dem Rücken gegen das Fenster, und hielt sich die Ohren zu. Eine andere kniete vor ihr nieder und verbarg den Kopf in der ersten Schoß. Eine dritte schob sich zwischen beide hinein und umfaßte ihre Schwesterchen mit tausend Tränen. Einige wollten nach Hause; andere, die noch weniger wußten, was sie taten, hatten nicht so viel Besinnungskraft, den Keckheiten unserer jungen Schlucker zu steuern, die sehr beschäftigt zu sein schienen, alle die ängstlichen Gebete, die dem Himmel bestimmt waren, von den Lippen der schönen Bedrängten wegzufangen.

Diese Szene verdeutlicht die Angst, die von noch unerklärlichen Phänomenen wie Blitz und Donner hervorgerufen wird. Sie kann ohne einen beruhigenden Rückgriff auf die Erklärungen der Physik nur durch Gebete gemildert werden. Erst wenn Menschen sehen, wie sie sich vor den Gefahren eines Gewitters durch eine Metallstange, also durch einen Blitzableiter, schützen können, kann man sie (vielleicht) beruhigen. Tatsächlich ist der Blitzableiter noch zu Goethes Lebzeiten erfunden und eingesetzt worden. Allerdings fiel es dem merkwürdig schlichten Gegenstand, obwohl er sich als äußerst hilfreich erwies, schwer, im Vergleich zu dem Naturschauspiel von Blitz und Donner, die zudem noch direkt aus dem Himmel kommen, vor dem Urteil der Leute zu bestehen.

Mit elektrischen Entladungen wurde zum ersten Mal 1752 in Frankreich experimentiert, bevor Benjamin Franklin den Blitzableiter in der neuen Welt populär machte, indem er im selben Jahr einen Drachen (!) bis zu Gewitterwolken aufsteigen ließ, um mit einem am Ende einer feuchten Schnur angebrachten

Schlüssel einen elektrischen Funken zu ziehen und die Wolke zu entladen. Mit diesem riskanten Versuch bekamen Blitz und Donner physikalische Gründe, ohne noch weiter Platz für irgendeinen göttlichen Zorn zu lassen, den es zu besänftigen galt.

Blitze können nicht nur vertikal, sondern auch horizontal auftreten, wenn die elektrische Entladung auf diesem Weg besser vorankommen kann. Am schnellsten geht es meistens senkrecht auf die Erde zu. Menschen, die bei einem Gewitter auf freiem Feld unterwegs sind, sollten sich auf den Boden legen, weil Blitze gerne den Weg in den Boden durch ihren Körper nehmen. In der Rückenlage können sie zudem die vertrackten Spuren einer Entladung besser verfolgen und sich fragen, woher der Blitzeschleuderer Zeus das himmlische Feuer bekommen hat, das er auf die Erde niedersausen lässt.

Interessanter als dieses physikalische Geschehen in den Wolken erweisen sich trotz aller donnernden Dramatik die Ausbildungen ihrer Formen, die seit den Tagen des Aristoteles beschrieben werden. Im Laufe der Geschichte haben sich viele Bezeichnungen auf diesem Terrain etabliert. Wolken kommen in vier Höhenlagen vor, wie man heute sagen kann. Sie liegen meist im einstelligen Kilometerbereich und lassen sich in zehn Gattungen unterteilen, zu denen Kumuluswolken ebenso gehören wie Stratuswolken, um zwei populäre Namen zu nennen. Den Grundstein für die Klassifikation der Wolken hat zu Beginn des 19. Jahrhunderts ein Engländer namens Luke Howard gelegt. Dessen Vorgabe hat Goethe überzeugt, der sich im Alter noch mit Wolkenlehre und Meteorologie beschäftigt hat und in dem Gedicht «Howards Ehrengedächtnis» den Briten feiert. Howard hat auch als Erster erkannt, wie es zur Bildung von Wolken kommt, nämlich dann, wenn in der Luft eine bestimmbare Temperatur unterschritten wird, die heute Taupunkt heißt. Wird es kälter, kondensiert der unsichtbare Wasserdampf an winzig kleinen Partikeln in der Luft, die dann als Kondensationskeime für Wolken dienen. Howards Einteilung der am Himmel schwebenden Gebilde in Cirrus-, Cumulus- und Stratuswolken kommt dadurch zustande, dass sich in den Wolken je nach Temperatur Eis und Wasser mischen. Das zugehörige Wechselspiel erlaubt es ihnen, die vielfältigen Formen anzunehmen, in denen Menschen dank ihrer Gestaltwahrnehmung unter anderem Gesichter zu erkennen glauben. Goethes Faust meint zum Beispiel, mit ihrer Hilfe seine geliebte Helena am Himmel zu sehen, «formlos breit und aufgetürmt fernen Eisbergen gleich», wie der Verliebte es ausdrückt, auch wenn es seinen Worten etwas an Wärme fehlt.

Den Dichter hat an den Wolken nicht nur die Vielfalt der Strukturen fasziniert, sondern auch, dass sich in ihnen der irdische Wasserkreislauf zeigt, der schon die griechischen Philosophen beschäftigte. Sie hatten verstanden, dass Wolken das lebensspendende und überlebensnotwendige Element aufnehmen, das unter anderem aus den Weltmeeren hochsteigt, bevor es wieder zur Erde hinabregnet und dort Flüsse und Seen füllt.

Howard und Goethe haben bei aller Meisterschaft eine Wolkenart übersehen, die erst im späten 19. Jahrhundert bemerkt und auf den schönen Namen «Leuchtende Nachtwolke» getauft wurde. Ein Astronom in Berlin mit Namen Otto Jesse hat sie in Sommernächten als silbrig-weiße Gebilde beobachtet und ermitteln können, dass sie mehr als 80 Kilometer hoch über der Erde schimmert, während die bisher erwähnten Wolkenformen kaum mehr als ein Dutzend Kilometer über den Menschen schweben. Was im 19. Jahrhundert noch ein exotisches Phänomen war, gehört heute allgemein zum meteorologischen Wissen. Die meisten Berichte über leuchtende Nachtwolken stammen von der Nordhalbkugel. Die Himmelskundigen nehmen an, dass es die bei einem Meteoritenzerfall entstehenden Staubpartikel sind, die diesen Nachtwolken als Kristallisationskeime dienen. Wenn Sterne vom Himmel fallen, leuchtet der Himmel, was Menschen gefällt.

Eben fiel das Wort Kondensation, mit dem der Übergang eines gasförmigen Stoffes in einen flüssigen Zustand gemeint ist. Bei Wasserdampf tritt er in luftiger Höhe ein, wenn es kalt genug wird. Der Begriff steckt auch in dem Namen für die Kondensstreifen, die Flugzeuge an den Himmel malen, wenn sie sich etwa 10 000 m über dem Meeresspiegel durch die Luft bewegen. Die Kondensstreifen, die man meteorologisch auch als Zirruswolken begreifen kann, bilden sich aus den Abgasen der Triebwerke, die aus Wasserdampf bestehen und rußhaltig sind. Erst kurz hinter den Düsen an den Flügeln zeigen sich die anfänglich unsichtbaren Abgase als sichtbare Kondensstreifen, nämlich dann, wenn sie stark genug abgekühlt sind.

Der Mond ist aufgegangen

Als Gott – der *Genesis* zufolge – die Welt geschaffen hat, gefiel es ihm, ein großes und ein kleines Licht an den Himmel zu setzen. Das kleine zeigt sich ab und zu in der Lage, das große zu verdunkeln, wie sich bei einer Sonnenfinsternis beobachten lässt, wenn der strahlende Stern im Zentrum des Planetensystems von dem Erdtrabanten verdeckt wird. Diese Erscheinung wird möglich, weil Sonne und Mond aufgrund höchst unterschiedlicher Entfernungen für einen irdischen Beobachter gleich groß zu sein scheinen – man spricht fachlich von scheinbar gleichen Durchmessern. Liegen alle drei – Sonne, Mond und Erde – auf einer Linie, kann es zu einer vollständigen Verdunklung kommen.

Korrekt muss man eine partielle von einer totalen Eklipse unterscheiden. Im zweiten Fall ist die Sonnenkorona zu sehen; sie zeigt sich als Strahlenkranz, der sich einer Streuung an Elektronen verdankt.

Bei einer totalen Sonnenfinsternis kann man an dem Zentralgestirn vorbeischauen, die Positionen von fernen Sternen unter diesen Bedingungen bestimmen und das Ergebnis mit den alten Ortsangaben vergleichen. Was auf den ersten Blick unnötig kompliziert und wenig zielführend klingt, wurde 1919 mit großer Spannung durchgeführt, um eine Vorhersage der Allgemeinen Relativitätstheorie von Einstein zu testen. Danach krümmt die große Masse der Sonne den sie umgebenden Raum. Das erlegt den an ihr vorüberziehenden Lichtstrahlen andere Wege auf und weist dadurch den Sternen am Himmel neue Orte zu. Genau diese Vorhersage der Theorie konnte beobachtet werden, was in den Jahren nach dem Ersten Weltkrieg dafür sorgte, dass Einstein wie ein Popstar bewundert wurde – wobei sich die von den verlustreichen Schlachten ermüdeten Menschen auch darüber freuten, endlich jemanden feiern zu können, der ihrer europäischen Kultur Größe verlieh und den Frieden unter den Völkern förderte.

Apropos Einstein und der Mond: Als die revolutionäre Physik der Atome namens Quantenmechanik in den 1920er Jahren aufkam, wollte Einstein als einer ihrer Gründungsväter plötzlich nicht mehr mitmachen. Zu der im Bereich der Atome extrem erfolgreichen Theorie gehörte unter anderem die Behauptung, dass nur beobachtete Phänomene wirklich sind und Objekte ihre Eigenschaften erst durch eine Messung bekommen. «Aber der Mond steht doch weiter am Himmel, auch wenn ihn niemand anschaut», klagte Einstein, der sich bald von seinen philosophierenden Kollegen belehren lassen musste. Sie erklärten ihm, dass der Erdtrabant natürlich seine Position beibehält, auch wenn sie nicht durch eine Messung – wörtlich – festgestellt wird. Aber der Silberglanz, mit dem der Mond die Täler füllt, in denen Verliebte spazieren, verschwindet mit ihnen, wenn sie nach Hause gehen.

Mit diesen Anmerkungen fällt der Übergang zu der Frage leicht, welchen Einfluss der Mond auf das Leben hat. Hätte es ohne seine Anwesenheit auf der Erde die Bedingungen gegeben, die notwendig waren, um höhere Lebensformen entstehen zu lassen? Lange Zeit war die Antwort, dass der Mondumlauf die Rotationsachse der Erde stabil hält und auf dieser Weise die klimatischen Voraussetzungen für die Evolution liefert, die bis zum Menschen geführt hat. Inzwischen lautet die Auskunft der Planetenforscher anders, da sie mittels Computersimulationen zeigen konnten, dass der Riese Jupiter ausreicht, um die Achse der Drehung der Erde um sich selbst stabil und den Planeten der Menschen entwicklungsfähig zu Höherem zu halten.

Was auch ohne Wissenschaft am Mond auffällt, ist zum einen die Tatsache, dass er nur halb zu sehen ist – dabei bietet er Erdenmenschen immer dieselbe Hälfte an –, und zum Zweiten, dass es Mondphasen gibt, die vom Neumond über das zunehmende Stadium zum Vollmond führen, bevor das Abnehmen bis zum Neumond beginnt. Der Dichter Christian Morgenstern meinte, dass die in alter deutscher Schrift geschriebenen Buchstaben a und z die ab- und zunehmende Sichel des Mondes beschreiben, die deswegen mit ihrem Ort am Himmel den Begleiter der Erde zu einem deutschen Trabanten machen.

Der Phasenwechsel Neu-, Halb-, Vollmond und zurück kommt dadurch zustande, dass immer nur eine Hälfte der Kugel von der Sonne angestrahlt wird. Je nachdem unter welchem Winkel Menschen auf der Erde den beleuchteten Mond betrachten, entstehen für sie die Phasen. Wie man sich angesichts dessen klarmachen kann, befindet sich der Vollmond auf der Nachtseite der Erde. Wer dabei die Mondsichel genauer in Augenschein nimmt, wird bemerken, dass sie nicht schwarz ist und sogar schwach leuchtet. Dieses aschgraue Licht stammt von der Erde, die dafür ausreichend Sonnenlicht reflektiert.

Zu den wundersamen Eigenschaften des Mondes gehört die Tatsache, dass er eine erdabgewandte Seite hat, was Mark Twain den Satz formulieren ließ, «there is a dark side of the moon». Der Dichter meinte damit den Menschen, in dem das Böse so unsichtbar schlummere wie die Rückseite des Mondes. In Menschen steckt aber auch der unbändige Wille, das zu sehen, was man vor ihnen verbergen will, und als nach dem Zweiten Weltkrieg die ersten Raketenstarts gelungen waren, konnte es nicht mehr lange dauern, bis eine Sonde zum Mond geschickt wurde, um ihn zu umrunden. 1959 war es so weit, als die sowjetische Raumfähre Lunik 3 die Rückseite fotografieren konnte. Es dauerte ein knappes weiteres Jahrzehnt, bis erste Menschen das ihnen bislang unzugängliche Terrain mit eigenen Augen anschauen konnten. Dies gelang 1968 im Rahmen des amerikanischen Apollo-Projektes, und zwar um die Weihnachtszeit herum. 2019 schaffte es dann China, eine erste Raumsonde auf der Rückseite landen zu lassen, was dem Weltraum ein internationales Gepräge gibt. Kurioserweise erweist sich die mit weniger Gebirgen und Rillen versehene «dark side of the moon» in Wahrheit als die hellere Hälfte des Mondes, was daran liegt, dass ihr Rückstrahlvermögen (Albedo) größer als das der Vorderseite ist. So kann man sich irren, wenn man nicht hinschaut.

Die Frage, warum Menschen nicht den ganzen Mond und immer nur seine Vorderseite zu Gesicht bekommen, erklären Fachleute mit dem Hinweis auf die gebundene Rotation des Trabanten – ein häufig im Kosmos zu beobachtendes Phänomen. Es besagt, dass zwei Himmelskörper ihre enge Umkreisung durch geeignete Wechselwirkungen nach und nach aufeinander abstimmen. Im irdischen Fall bedeutet es konkret, dass sich die Drehzeit des Mondes durch die Kraft, die von den Gezeiten der Erde ausgeht, der Länge eines Monats angepasst hat, der für eine Periode den Phasen 29½ Tagen einräumt. Neben der Erde führen auch andere Planeten Monde mit sich, und zwar nicht nur einen, sondern oftmals eine ganze Menge. Für Jupiter konnten rund 80 gezählt werden, darunter vier große Monde, die Galileo Galilei bereits ausfindig machen und bestaunen konnte, ohne zu wissen, dass sie ebenfalls eine gebundene Rotation wie Erde und Mond vollziehen. Dieser Fall liegt auch bei einigen der Trabenten des Saturn vor, deren Zahl die von Jupiter sogar übertrifft.

Der Philosoph Karl Popper trug in seinen wissenschaftstheoretischen Schriften gerne die Hypothese vor, dass auf der Rückseite des Mondes ein blaues Einhorn Tango tanzt. Popper wollte mit diesem Beispiel eine unwissenschaftliche Hypothese vorführen, die er so einstufen konnte, weil es keine Chance gab, sie zu überprüfen und dabei zu falsifizieren. Das galt bis 1959, als ein erstes Foto von der Rückseite verfügbar wurde. Seit 2019 scheint man darüber nachzudenken, nicht den Mond, sondern von seiner Rückseite aus das Weltall zu fotografieren. Man hofft, hier besonders empfindliche Messungen durchführen zu können, weil auf der Rückseite gar kein Einhorn tanzt und es auch kein irdisches Streulicht schafft, die Empfindlichkeit der Apparate einzuschränken. Allerdings wird es Mühe machen und Umwege brauchen, um von diesem abgelegenen Gebiet aus die Messergebnisse zur Erde zu melden.

Exoten

Bislang ging es um Wolken, Planeten und Sterne am Himmel, die allen Menschen vertraut sind. Die Gemeinde der Wissenschaftler hat inzwischen längst andere Objekte oder Erscheinungen ausmachen und in den Blick nehmen können. Die Medien berichten darüber oft unter dem Hinweis, dass man sie mit dem bloßen Auge nicht sehen kann und besondere Instrumente benötigt, um die kosmischen Radiowellen zu registrieren, die etwa von Pulsaren und Quasaren zur Erde kommen. Das Kunstwort «Pulsar» kürzt «pulsating source of radio emission» ab, meint also eine pulsierende Radioquelle, die in den 1960er Jahren erstmals beobachtet wurde. Dabei hat sich erneut eine Frau hervorgetan, nämlich Jocelyn Bell Burnell, die wie Henrietta Levitt ebenfalls nicht mit dem Nobelpreis ausgezeichnet wurde. Als Jocelyn Bell ihre Beobachtungen machte, die heute als Signale von Pulsaren verstanden werden, unterbrach sie ihre wissenschaftliche Arbeit, um zu heiraten. Als sie später in das Institut zurückkehrte, meinte ihr Chef, er habe die Ergebnisse in einer Publikation zusammengestellt, ohne ihren Namen aufzuführen. Als verheiratete Frau sei sie doch nicht weiter an einer wissenschaftlichen Karriere interessiert. Oder? Und so bekam er allein den Nobelpreis für Physik. Vielleicht aber hat die Schwedische Akademie Jocelyn Bell auch den Scherz verübelt, als ersten Grund für das pulsierende Himmelssignal eine eigene extraterrestrische Zivilisation aus «little green men» zu vermuten, was sie als «LGM» in ihre Laborbücher eingetragen hat.

Die Tatsache, dass man in den 1960er Jahren allgemein anfangen konnte, Radioastronomie zu treiben, hat mit der Entwicklung der Radartechnik im Zweiten Weltkrieg zu tun. Das Wort Radar hat sich längst im alltäglichen Sprachgebrauch eingebürgert, so dass vielen gar nicht bewusst ist, dass es sich um eine Abkürzung handelt – wie auch schon «Radio» von «radius», Strahl, gebildet ist und einen Funkstrahl meinte. «Radar» steht für «radio detection and ranging», was man als «funkgestützte Ortung» übersetzen kann. Während im Weltkrieg damit nach feindlichen Schiffen gesucht wurde, richteten nach 1945 die Ingenieure ihre Instrumente gen Himmel, um dort nach Radioquellen zu suchen. Zu den wichtigen Funden gehörten neben den Pulsaren die Quasare, die als «sternähnliche Radioquellen» ebenfalls in den 1960er Jahren entdeckt wurden. Es nährte den Verdacht, dass die Astronomie in der Zukunft noch auf viele Exoten treffen sollte.[13]

Unter Pulsaren versteht man Objekte im All, die lediglich einen Durchmesser von 20 Kilometern aufweisen, trotzdem aber so viel Masse wie die Sonne in sich versammeln. Mehr als 2000 Pulsare haben die Astronomen inzwischen gefunden, von denen einige zwanzigmal pro Sekunde rotieren und dabei riesige Mengen an Energie in den Weltraum schleudern. Pulsare verfügen über extrem starke Magnetfelder, was ebenso wenig verstanden ist wie die Mengen an Gammastrahlen, die sie aussenden. Der Ausdruck «Gammastrahlen» meint Licht mit enorm hoher Frequenz und also mit ungeheurer Energie. Das führt zu sogenannten Gammablitzen, die erstmals 1967 entdeckt wurden, aber anders als die systematisch aufgespürten Pulsare und Quasare eher zufällig und unabsichtlich.

Wenn jemand etwas findet, das er oder sie gar nicht gesucht hat, spricht man von Serendipität, was sich vom englischen «serendipity» ableitet und einfach als glücklicher Zufall zu verstehen ist. Das Wort geht auf eine Erzählung des britischen Autors Horace Walpole zurück, der im späten 18. Jahrhundert in Anlehnung an ein persisches Märchen die Erzählung *Three Princes of Serendip* verfasst hat. Die drei Prinzen finden andauernd Unerwartetes. Serendip ist der altpersische Name für Sri Lanka (früher Ceylon).[14] Im 20. Jahrhundert waren die Finder keine fröhlichen Prinzen, sondern Überwachungssatelliten, deren politisch motivierte Aufgabe eigentlich darin bestand, Atombombentests ausfindig zu machen. Das taten sie auch, aber daneben registrierten sie erst einen und dann mehrere Gammablitze. Was vom Namen her harmlos klingt, wird dadurch aufregend, dass ein solches Ereignis in zehn Sekunden (!) mehr Energie freisetzt als die Sonne in Milliarden (!) von Jahren. Gammablitze entspringen nicht in der Milchstraße. Sie kommen von anderen Galaxien ausgehend zur Erde, ohne dass jemand genau zu sagen wüsste, was sie auslöst, wie viele von ihnen zu erwarten sind oder was sie zur Dynamik des Kosmos beitragen.

Besser Bescheid wissen die Astronomen über Quasare, die so heißen, weil es sich um «quasistellare Objekte» handelt. Wie die deutsche Bezeichnung «sternenartige Radioquelle» erkennen lässt, sind es vor allem Signale im Bereich von Radiowellen, die Quasare aussenden – und von Radioastronomen auch tagsüber empfangen werden können. Erstaunlicherweise scheinen sie punktförmig zu sein und den aktiven Kern einer Galaxie auszumachen. Genauer betrachtet, kommt die Strahlung eines Quasars aus der leuchtenden Materie, die sich als rotierende Scheibe um ein Schwarzes Loch gelegt hat – vielleicht dem makabersten unter den seltsamen Erscheinungen, die seit dem Aufkommen der Radioastronomie im Universum gefunden wurden.

Schwarze Löcher heißen so, weil sie kein Licht aussenden, dafür aber alles verschlucken. Das faszinierende Wort ist in den 1960er Jahren aufgekommen. Seine Verbreitung beginnt mit dem Physiker John Archibald Wheeler, der es leid war, in einem

Vortrag dauernd von «gravitationsbedingt instabiler stellarer Materie» zu reden, und deshalb einfach «schwarzes Loch» sagte. Das wurde weltweit nicht nur akzeptiert, sondern geradezu bejubelt.

Wheeler und seine Kollegen stellten sich die Frage: Was passiert, wenn so viel Materie auf einem Haufen zusammenkommt, dass sie unter ihrer eigenen Schwerkraft einbricht, wenn sie also gravitationsbedingt instabil ist? Es macht Mühe, sich eine solche Situation auszumalen, ausrechnen aber lässt sie sich allemal. Dabei stellt sich heraus: Findet sich genügend Masse in einem Riesenklumpen, schrumpft nicht nur das ganze Gebilde, sondern zuletzt werden sogar die Atome mitgerissen, aus denen seine Materie besteht. Die Elektronen stürzen in die Kerne, wandeln sich und alles andere mit den Protonen in Neutronen um, und fertig ist ein Neutronenstern, wie man ihn am Himmel nachweisen kann. Ein Teelöffel von der Materie eines Neutronensterns wiegt nicht 100 oder 100 000 Tonnen – er wiegt eine Milliarde Tonnen. Das wird hier vor allem mitgeteilt, weil man sich von einem solchen Endzustand der Sternenwicklung bei aller Einfachheit des Prozesses keine Vorstellung machen kann, vor allem nicht von der Geometrie des Raumes, die von dem Neutronenstern extrem gebogen und verzerrt wird.

Die Wirkung der Gravitation geht noch weiter. Schließlich kann sie nicht mehr durch eine sich von innen dagegenstemmende Energie kompensiert werden, und so entsteht, was Fachleute und Laien gleichermaßen fasziniert, besagtes Schwarzes Loch oder ein «black hole», wie Wheeler es in seiner Sprache genannt hat. Einige Astronomen blieben zunächst skeptisch, und es verging eine Weile, bis man beim Absuchen des Himmels sicher sein konnte, derart unheimlich dichte Ansammlungen von Materie nachweisen zu können und selbst in der Mitte der

Milchstraße zu finden. Heute wissen die Kosmologen nicht nur, dass es Schwarze Löcher gibt, sondern sie liegen sogar in unterschiedlichen Größen vor, die von etwa 10 Sonnenmassen aufwärts bis zu mehreren Milliarden Sonnenmassen reichen. Das darf man wahrlich als gigantisch bezeichnen und sollte es sich gar nicht erst vorzustellen versuchen.

Allerdings: Wer Angst hat, in ein Schwarzes Loch zu fallen, der- oder diejenige kann beruhigt werden. Zwar nimmt seine Anziehungskraft zu, wenn man ihm näher kommt, aber zugleich vergeht die Zeit langsamer, wie es Einsteins Theorien vorhersagen. Das Verlangsamen der Zeit kompensiert die Zunahme der Beschleunigung in Richtung Schwarzes Loch nicht nur, es überkompensiert sie sogar, und zuletzt gibt es sogar einen Ort, an dem sie zum Stillstand kommt. Man spricht von dem Ereignishorizont eines Schwarzen Loches, den kein Mensch überschreiten kann. Wer es dennoch in Gedanken unternimmt, dem oder der muss klar sein, dass dahinter enorm starke Gravitationskräfte auf ihn oder sie einwirken. Sie unterscheiden sich schon im Meterbereich so gravierend, dass die Füße eines Menschen viel stärker in das Loch hineingezogen werden als der Kopf, und das bedeutet, dass man sich jenseits des Ereignishorizonts rasch als Spaghettinudel wiederfindet, an der so lange gezogen wird, bis sie reißt.

Der Blick zum oder vom Himmel

Man bleibt also besser auf dieser Seite des Ereignishorizonts und am allerbesten auf der Erde. Wenn Menschen sich ins Gras auf den Rücken legen und nach oben schauen, ohne an Schwarze Löcher oder Gammablitze zu denken, könnte ihnen die Frage in den Sinn kommen, ob sie in dieser Lage tatsächlich zum Himmel aufschauen, wie man ganz selbstverständlich sagt und meint. Dabei gehören sie mit zu diesem Himmel und blicken deshalb eher von ihm aus auf den Rest des Universums und seine Objekte. Ist das nicht ein schöner Gedanke?

Das führt zu der Frage, ob die Menschen die schon seit Jahrhunderten erörterte Kopernikanische Wende überhaupt schon in ihren Konsequenzen verstanden und verinnerlicht haben. Dass dies eher nicht der Fall ist, ist dem Dichter Erich Kästner bereits in den 1930er Jahren aufgefallen, und er machte sich daraufhin auf, zu suchen, was er «Kopernikanische Charaktere gesucht» genannt hat. Sein entsprechendes Gedicht lautet so:

> Wenn der Mensch aufrichtig bedächte:
> daß sich die Erde atemlos dreht;
> daß er die Tage, daß er die Nächte
> auf einer tanzenden Kugel steht;
> daß er die Hälfte des Lebens gar
> mit dem Kopf nach unten im Weltall hängt,
> indes sich der Globus, berechenbar,
> in den ewigen Reigen der Sterne mengt, –
> wenn das der Mensch von Herzen bedächte,
> dann würd' er so, wie Kästner werden möchte.

Man sollte es nicht glauben, aber auch im 21. Jahrhundert würden nicht nur kleine Leute, sondern erst recht viele Professoren an der Frage scheitern, was Kopernikus tatsächlich mit der Erde und den Menschen auf ihr gemacht hat. Der polnische Domherr hat die Menschen nicht beleidigt, wie etwa Sigmund Freud annahm, als er meinte eine Kränkung der Menschen konstatieren zu müssen, weil sie nicht mehr im Zentrum der Welt seien, wo jetzt die Sonne ihren Platz gefunden habe. Im Gegenteil, er hat

sie erhoben; denn die Mitte, in der sie sich im Mittelalter wähn-
ten, markiert die tiefste Stelle, die das damalige Bild vom Universum bot. Die Erde sammelte allen Dreck auf, der nach unten
fiel, und so konnte Kopernikus die Menschen nur erhöhen, indem er die Erde auf eine Umlaufbahn um die Sonne schickte.
Die Menschen waren auf diese Weise näher an die Götter heran-
gerückt, die bekanntlich über allen Dingen schweben und folglich weit außen zu finden sein müssen. Mit anderen Worten –
Kopernikus hat die Menschen in den Himmel gehoben, und
seitdem schauen sie von ihrem Planeten aus nicht *zum*, sondern
vom Himmel aus auf die Welt und in sie hinein. Wann werden
die Verächter der Wissenschaft dies verstehen? Oder wollen sie
das überhaupt nicht zur Kenntnis nehmen und in ihrer Schmoll-
ecke bleiben?

Das unsichtbare Gas am Himmel

Wenn Menschen heute an den Himmel schauen, denken sie vielfach weniger über funkelnde Sterne weit draußen im All nach
und sorgen sich mehr um ein unsichtbares Gas in der Luft, in
der sie leben und die sie einatmen. Gemeint ist die chemische
Verbindung aus Kohlenstoff und Sauerstoff, die das farblose
Kohlendioxid CO_2 ausmacht und auf den ersten Blick völlig uninteressant wirkt, auch wenn Menschen es ausatmen.

Kohlendioxid kommt als Spurengas mit einem Anteil von
etwa 0,04 Prozent in der Erdatmosphäre vor, was in Fachberich-
ten durch die Zahl 400 ppm ausgedrückt wird, womit 400 «parts
per million» gemeint sind. So gering diese Menge wirkt, sie
steigt durch menschengemachte Emissionen an, was den Treibhauseffekt verstärkt, der seit dem 19. Jahrhundert bekannt ist
und ursprünglich als Grund dafür gefeiert wurde, dass die Erde

angenehme und lebensfördernde Temperaturen aufweist. Das Kohlendioxid hindert einen Teil der von der Sonne kommenden Wärmeeinstrahlung daran, nach ihrer Reflexion von der Erdoberfläche wieder in den Weltraum zu entweichen. Das war so lange lebensfreundlich, bis die Menschen im 19. Jahrhundert anfingen, mit industriellen und anderen Aktivitäten so viel zusätzliches CO_2 zu produzieren, dass eine massive globale Erwärmung einsetzte, die inzwischen auf eine Klimakatastrophe hinauszulaufen scheint. Jeden Tag werden – Stand 2020 – von Menschen 100 Millionen Tonnen CO_2 in die Luft geblasen. Bevor man fragt, wie diese Entwicklung zu stoppen ist, sollte man herausfinden, woher die gigantischen Mengen kommen. Eine ausführliche Antwort auf dieses überlebenswichtige Thema würde ein eigenes Buch erfordern, aber ein paar Hinweise sollen in diesem Rahmen gegeben werden.[15]

Diese Zeilen werden nach dem Abschluss der unter dem Kürzel COP26 bezeichneten Klimakonferenz in Glasgow geschrieben, auf der die Staaten der Welt sich (wieder einmal) vorgenommen haben, die Kohlendioxidemissionen bis 2050 drastisch zu reduzieren, um dafür zu sorgen, dass die Erdtemperatur nicht mehr als 1,5 Grad Celsius steigt. Als Ziel wurde das bereits im Jahr 2015 ausgegeben. Hier sollen nicht die verwirrend vielen Zahlen von Glasgow aufgeführt, es soll lediglich an ein paar Beispielen nachgesehen werden, woher die vielen Tonnen CO_2 kommen, die den Treibhauseffekt erst in unangenehme Größenordnungen und dann in lebensgefährliche Höhen treiben.

Viele Menschen denken zuerst an den Verkehr, und wer sich erkundigt, kann erfahren, dass ein PKW mit Benzin- oder Dieselmotor im Schnitt 250 Gramm CO_2 pro Kilometer produziert, was nach 4000 Kilometern eine Tonne ergibt, die in die Luft gejagt wurde. Elektroautos emittieren nur etwa ein Drittel so viel

Kohlendioxid pro Kilometer, inklusive Stromproduktion und Herstellung. Neben dem Verkehr fällt einem der Fleischverzehr ein, aber insgesamt sind die Zahlen hier nicht so schlimm. Betrachtet man den Rindfleischkonsum der Deutschen insgesamt, braucht man hierzulande sieben Jahre, um eine Tonne CO_2 zu emittieren. Eine häufig gestellte Frage lautet, wie klimafreundlich das Internet ist. Bekannt ist, dass die Nutzer von Google-Diensten für acht Gramm CO_2 am Tag pro Kopf sorgen. So lässt sich ausrechnen, dass zwei Millionen Klicks zum Ausstoß von einer Tonne Kohlendioxid führen, was vor allem durch die Rechenzentren zustande kommt, über die alle Signale laufen. Die Stadt New York emittiert eine solche Tonne CO_2 in weniger als einer Sekunde. Doch damit soll es auch der grausamen Aufrechnerei genug sein, zu deren Fortführung man sich noch die Fliegerei, die Kreuzfahrtschiffe, die Handhabung von Kryptowährungen mit ihrem gigantischen Strombedarf und selbst die großen Forschungszentren der Welt vornehmen müsste. Überall wird Strom ge- und verbraucht, überall steigt CO_2 in die Luft, und überall kann man lesen, dass eine Tonne Kohlendioxid zum Verschwinden von drei Quadratmetern des arktischen Sommermeereises führt. Das ist die Fläche, die ein Eisbär braucht, um Platz für sein Leben zu finden. Es müsste den Menschen gelingen, ihm diesen Raum zu bewahren.

3

Aus dem Leben der Menschen

Als ich einmal in einem Kindergarten den Versuch unternehmen durfte, den Kleinen etwas über die Naturwissenschaften zu erzählen, habe ich um Fragen gebeten, an denen ich mich orientieren konnte. Sie kamen sofort: Warum ist Zucker süß? Warum ist Wasser nass? Wie kühlt es einen oder eine ab? Warum wird es im Winter kalt? Wieso naschen Menschen gerne und fangen sich dann Bauchschmerzen ein? Wie kommen überhaupt Schmerzen zustande und wozu nützen sie? Was sorgt bei Menschen für unterschiedliche Hautfarben? Warum kann man seine Ohren nicht schließen? Und warum kann man seine Augen manchmal nicht mehr offen halten und sie fallen einfach zu?

Das kleine Völkchen wurde immer lebendiger, wobei die Jungen bald lauter wurden und sich vordrängten, was einen fragen lässt, warum sie sich so verhalten. Warum verhalten sich Männer überhaupt anders als Frauen? Frieren Mädchen tatsächlich schneller als Jungen? Warum gibt es überhaupt zwei Geschlechter – oder gibt es mehr? Wozu dient die Pubertät? Und was soll der Stimmbruch? Warum erröten Menschen? Und warum zeigen sie ihre Zähne, wenn sie lächeln? Dient das Gebiss nicht zum Fressen?

Im Alltag kann man vielfach Verhalten beobachten, das zu Fragen verleitet, etwa die, warum Menschen ihr Gesicht auch dann nicht vom Display ihres Handys abwenden, wenn sie mit jemandem per-

sönlich sprechen. Warum halten sich Menschen überhaupt so entschlossen an ihren Handys fest und zücken sie bei jeder Gelegenheit? Spielen sie so gerne mit ihnen? Warum haben Menschen Freude am Spiel und lachen gerne in Gesellschaft? Warum vor allem über andere? Warum kullern einem Tränen aus den Augen, wenn man sich totlacht? Geht das überhaupt, sich totlachen? Und kann man die Luft so lange anhalten, bis man tot umfällt?

Und noch etwas: Warum antworten manche Menschen auf eine Frage stets mit einer Gegenfrage? Antwort: Warum nicht?

Das Süße des Zuckers

Die Frage «Warum ist Zucker süß?» liefert ein wunderbares Beispiel für die hier vertretene und praktizierte Ansicht, dass einige Fragen mehr als eine Antwort kennen, also mindestens eine zweite. Die erste Auskunft versucht zu erklären, warum die Moleküle, aus denen das meist kristallin verfügbare und häufig weiße Lebensmittel etwa in Form von Würfelzucker besteht, in Menschen die Empfindung «süß» auslöst. Es gibt eine Vielzahl von Molekülen, die wissenschaftlich zum Zucker gezählt werden. Chemiker kennen sie als Glukose, Fruktose oder Saccharose und listen sie als Polysaccharide auf, weil sich in ihnen Kohlenstoff, Wasserstoff und Sauerstoff zu größeren Einheiten verbunden haben. Für all diese verschiedenen Zuckersorten gibt es eigene Empfangsstellen (Rezeptoren) im Körper, die in Zellen mit Namen Geschmacksknospen warten. Diese Rezeptoren sind ziemlich raffiniert aufgebaut. Für die Wahrnehmung des süßen Geschmacks ist ein Heterodimer aus zwei Makromolekülen zuständig, die über G-Proteine gekoppelt sind, wie Biochemiker genau zu sagen wissen. Für die hier erörterte Frage ist vor allem wichtig, dass die erwähnten Empfangsmoleküle die Information, dass Signale der Süße bei ihnen eingetroffen sind, in das Gehirn weiterzuleiten vermögen. Von hier gelangen sie auf raffiniert verschalteten Wegen in die Region, die Anatomen als gustatorischen Cortex kennen. Seine Zellen ermöglichen schließlich die Wahrnehmung der Süße, die Zuckermoleküle (nicht nur) bei Kindern so begehrt macht. Und jetzt kann man eine biochemisch-mechanische Antwort auf die Frage «Warum ist Zucker süß?» geben: Der meist weiße Stoff schmeckt so gut, weil die Aufnahme (Rezeption) seiner Bestandteile in entsprechend ausgerüsteten Zellen eine gezielte Nachricht an das Gehirn zur Folge hat, das sich anschließend daranmacht, die erwünschte Empfindung auszulösen.

Diese Auskunft liefert die einfache Version der vielen biochemischen und physiologischen Schritte, die zu einer Antwort auf die Kinderfrage nach der Süße gehören. Wie immer stellen sich in der Wissenschaft nach ersten Antworten viele weitere Fragen ein, die hier der persönlichen Neugierde überlassen werden können, um der oben gegebenen kausalen Erklärung für die Wirkung des Zuckers eine ergänzende evolutionäre Betrachtung und sinnsuchende Überlegungen an die Seite zu stellen. Wenn es um Lebewesen und ihre Reaktionen geht, muss man sich in Erinnerung rufen, dass nichts vom Himmel gefallen ist und es stets gilt, das Verhalten im Rahmen der großen biologischen Geschichte namens Evolution zu verstehen – der Evolution des Menschen in diesem Fall. Die Frage «Warum ist Zucker süß?» muss man dazu anders formulieren: «Warum hat die Evolution den eben geschilderten Mechanismus mit Rezeptoren und Signalumwandlung bis in den gustatorischen Cortex hinein mit all seiner Komplexität hervorgebracht und belohnt ihn mit der angenehmen Wahrnehmung, die süß heißt?»

Die Antwort lautet ganz einfach: Die Evolution hat Zucker

süß gemacht, weil ein Mensch ohne diesen Stoff nicht leben kann und deshalb dazu gebracht werden muss, eifrig und unermüdlich nach ihm zu suchen. *Homo sapiens* braucht Zucker als tägliche Nahrung, und da es in den Anfängen der Menschheit keine Supermärkte gab, in denen die wohlschmeckenden Kristalle erstens pfundweise und zweitens griffbereit angeboten wurden, bereitete es den frühen Vertretern der Menschheit einige Mühe, die zuckerhaltigen Früchte des Waldes etwa in Beeren aufzuspüren. Die Evolution förderte die Suchbereitschaft durch den angenehmen Geschmack mit dem schönen Namen. Zucker ist also süß, um die Menschen zu ermutigen, diesem Stoff nachzujagen, da sie ihn zum Dasein brauchen.

Fachleute unterscheiden bei der Erklärung seiner vitalen Rolle zwei Aspekte. Auf der einen Seite liefert Zucker den Zellen Energie, was man auch durch die Formulierung ausdrückt, Zucker ist der Treibstoff für den Körper. Das Gehirn allein benötigt mehr als 100 Gramm Traubenzucker (Glukose) am Tag für seine Arbeit, um Menschen atmen, lachen, denken und noch mehr tun zu lassen. Dabei ist anzumerken, dass die Zellen den Zucker nicht in Reinform geliefert zu bekommen brauchen, sondern in der Lage sind, ihn aus Brot, Nudeln, Kartoffeln und anderen Nahrungsmitteln selbst zu gewinnen. Die wichtigsten Lebensmoleküle, die Proteine, können ihren vitalen Dienst in den Zellen ohne Zuckeranteile nicht erfüllen. Beim Menschen müssen die meisten Proteine mit Zuckermolekülen versehen werden – sie müssen glykosyliert werden, wie die Fachwelt sagt –, um überhaupt funktionieren zu können. Ohne diese klebrig-süßen Zusätze bräche das Immunsystem zusammen und würden Schleimhäute austrocknen, um zwei unmittelbar spürbare Folgen zu nennen. Insgesamt hat die Evolution ihren ausgewählten Geschöpfen die Fähigkeit verliehen, mit den Zuckermolekülen

Stoffwechsel zu treiben, also ihre Verbindungen in den Zellen auf- und abzubauen, was nicht immer reibungslos funktioniert. Treten Störungen mit der Folge ein, dass sich im Blut zu viel Zucker findet, kommt es nach kurzer Zeit zu Schädigungen von Gefäßen und Organen – allzu viel ist eben ungesund. Die Medizin spricht dann von der Zuckerkrankheit oder Diabetes mellitus. Betroffenen kann zum Glück durch die Gabe des Hormons Insulin geholfen werden, das ihren Körper befähigt, Zucker aus der Nahrung abzuspalten und dorthin zu senden, wo seine Energie oder Anwesenheit gebraucht wird.

In den kargen Nachkriegsjahren hat mich meine Mutter mit dem Satz «Zucker zaubert!» ermuntert, den süßen Teilchen aus der Konditorei herzhaft zuzusprechen. Inzwischen hört man aber oftmals Warnungen vor der Schädlichkeit des Zuckers, etwa wenn sich nach allzu eifrigem Naschen Bauchschmerzen einstellen. Dieses unangenehme Gefühl entsteht, wenn der süße Stoff unverdaut bis in den Dickdarm gelangt, wo Bakterien darauf warten, ihn zu vergären. Dabei entstehen Säuren und Gase, und die Betroffenen reagieren mit Übelkeit, Blähungen und schließlich Bauchschmerzen. Auf diesem Wege macht man persönlich mit einer Einsicht Bekanntschaft, die der Arzt Paracelsus bereits im 16. Jahrhundert formuliert hat und die besagt, dass es die Dosis ist, die ein Gift macht. Solange Zucker rar war und seine Süße benötigt wurde, um Menschen in ihrer Frühgeschichte zu bewegen, sich auf die Suche nach Quellen für den lebenswichtigen Stoff zu machen, so lange kam niemand auf die Idee, vor den Süßigkeiten zu warnen. Doch in heutigen Tagen liegen die Zuckerangebote in Riesenmengen und attraktiv verpackt in Griffweite der Konsumenten – oftmals kurz vor der Kasse auf der Höhe der Kinderaugen –, und allzu viel wird jetzt wirklich ungesund. Die Zähne werden in Mitleidenschaft gezogen, man wird zu dick, bekommt Herz-Kreislauf-Probleme und kann doch von der süßen Verführung nicht lassen.

Ein Exkurs zum Schmerz

Über Schmerz lässt sich wissenschaftlich nüchtern reden – etwa indem von Schmerzrezeptoren gesprochen wird, die Nervenbahnen aktivieren, von denen man umgekehrt weiß, dass sie durch Opiate blockiert werden können. Man kann auch fragen, wie es Placebos gelingt, Schmerz zu lindern, und erfahren, dass an dieser Wirkung körpereigene Opiate beteiligt sind, die Endorphine genannt werden (und tatsächlich nachweisbare Änderungen in der Aktivität des Gehirns nach sich ziehen). Aber wer länger über den Schmerz nachdenkt, wird irgendwann merken, dass man nicht bei dem biologischen Faktum stehen bleiben kann, sondern immer in Betracht ziehen muss, dass die Schmerzerfahrung Menschen angeregt hat, ihr Leben zu deuten und einen Sinn zu suchen. Schmerz ist kein rein physiologisches Ereignis, sondern gleichzeitig emotional, kognitiv und sozial wirksam, etwa auch in Gestalt von Kopfschmerzen und Migräne, die beide zu umfangreichen Arbeitsausfällen mit den dazugehörenden Beeinträchtigungen führen.

Im 19. Jahrhundert – nachdem die Entdeckung des Äthers gelungen war, mit dem Patienten vor einem operativen Eingriff in einen Tiefschlaf versetzt werden konnten – glaubten einige Ärzte, den «Tod des Schmerzes» verkündigen zu können. Keine Frage, dieser Fortschritt und das anschließende Aufkommen der Anästhesie waren und sind segensreiche Hervorbringungen der Zivilisation. Aber daraus folgt nicht, dass Schmerz etwas ist, das durch Nervenzellen und ihre Aktivierung allein zu erfassen ist und kaum mehr als das Signal des Körpers darstellt, dass irgendwo mit ihm etwas nicht in Ordnung ist. Unsere Einstellung zum Schmerz hat sich stark gewandelt, wie sich schon dadurch zeigt, dass der Schmerz selbständig Krankheitswert erlangt hat. Schmerz gilt als Krankheit und nicht mehr als ihre Botschaft. Die Krankheit dreht sich um den Schmerz und nicht mehr der Schmerz um die Krankheit.

Traditionell werden Schmerzen biochemisch erklärt – etwa durch die Übertragung von Nervenimpulsen, die etwa an einer Wunde beginnen und von da aus zum Gehirn laufen. In diesem Denkmuster versucht die Medizin, dem Schmerz durch das Blockieren der Nervenbahnen Einhalt zu gebieten, die von der Peripherie ins Zentrum laufen. Zwar klappt dies zum Glück bei vielen Patienten, doch es gibt genügend Beispiele – etwa bei dem Gesichtsschmerz, der als Trigeminusneuralgie bekannt ist –, bei denen weder neurochirurgische Eingriffe noch biochemische Gegenmittel eine Wirkung zeigen. Zumindest solche Schmerzen entstehen nicht irgendwo am Rand des Körpers, sondern in seinem Zentrum. Man kann den Gesichtsschmerz nicht auf seinem Weg in den Kopf stoppen, weil er von Anfang an hier ist. Dieser Schmerz findet nicht nur im Kopf statt, er fängt dort an.

Mit dieser Beobachtung muss man dem Schmerz eine andere Deutung als die eines Warnsignals geben und anfangen, sich Gedanken über eine *Culture of Pain* machen, wie es der amerikanische Literaturwissenschaftler David B. Morris in einem Buch getan hat, das auf Deutsch *Geschichte des Schmerzes* heißt.[16] Hier weist er auf das Problem hin, dass Menschen nur wenige Ausdrücke kennen, um über den undefinierbaren Begriff «Schmerz» genauer reden zu können. Das bereitet vor allem Betroffenen zusätzliche Qualen, da sie ihren Zustand als ein «Schmerzgefängnis» erleben, in dem sie allein bleiben.

Wer über Schmerz klagt, sollte auch positive Aspekte erwähnen, etwa die Tatsache, dass Schmerz als «Medium der Leistung» wirkt und neben sportlichen Rekordjagden auch kreative künstlerische Hervorbringungen fördert. In den Worten von Morris: «Wir können als Kultur keineswegs erfolgreich sein, wenn wir Schmerzen ignorieren oder verdrängen, als könnten wir sie mit einem Berg Pillen zum Schweigen bringen. Wir sind mehr als Neuronenbündel. Wir müssen beginnen, die Bedeutung von Schmerz zu entdecken, um menschliches Leiden nicht auf die Stufe eines lediglich physischen Problems zu reduzieren, für das es immer eine medizinische Lösung gibt.»

Kleben, Schwitzen und Erröten

Zurück zu harmloseren Themen: Warum klebt Zuckerwasser – vor allem als zäher Zuckerguss – an den Fingern, während Wasser selbst nur nass ist und sich einfach abwischen lässt? Um dies klären zu können, muss man sich die Moleküle genauer anschauen, die bei der klaren Flüssigkeit, mit der man sich wäscht und seine Zähne putzt, jedem geläufig sind und H_2O heißen. Zwei Atome Wasserstoff und ein Atom Sauerstoff ergeben ein Wassermolekül, wobei das Bemerkenswerte darin besteht, dass es zwei Gase sind, die sich zu einer Flüssigkeit vereinen. Dieser rätselhafte Schritt vollzieht sich in der Knallgasreaktion, die Chemiker bereits im 18. Jahrhundert ablaufen lassen konnten. In der klebrigen Lösung des Zuckerwassers tun sich ein fester (und trockener) Stoff und eine Flüssigkeit zusammen. Die Zuckermoleküle bestehen aus Kohlenstoffringen, die von Wasser- und Sauerstoffen zu größeren Gerüsten verarbeitet werden. Sie lassen sich in die weiße Würfelform bringen lassen, die zum Tee angeboten werden kann. Chemisch gesehen findet man in den Kristallen Wasserstoff und Sauerstoff. Die H_2O-Moleküle können sich zwischen sie schieben und den Zucker auflösen, der ins Wasser getaucht wird. Bei diesem Vorgang werden die Kohlenstoffringe frei, die einige außen liegende Wasserstoffatome behalten. Sie suchen nach Möglichkeiten, sich zu verbinden, und wenn sie dabei auf Hautzellen treffen, packen sie zu, was sich klebrig anfühlt. Natürlich müsste zu einer umfassenden Erklärung dieses Phänomens nicht nur der süße Brei, sondern auch die Haut thematisiert werden, auf der der Zuckerguss haften kann.

Als Nächstes kann man sich der Frage zuwenden, warum Wasser ohne Zucker anders ist, nämlich einfach nur nass. Wer dazu etwas sagen will, muss zuerst klären, was mit «nass» gemeint ist. Die Antwort lautet, ein Stoff ist nass, wenn er sich anheften und etwa auf der Haut ausbreiten und anders als Mehl als Ganzes auf ihr halten kann. Wasser bildet eine große Oberfläche, und nun kommt die Physik ins Spiel, die es dem dünnen flüssigen Film auf der Haut erlaubt, rasch zu verdunsten. Das geschieht spontan, benötigt aber Energie, die dem Körper entzogen wird. Als Folge davon wird es einem Menschen im angenehmen Fall kühler – deshalb badet man gerne im Sommer –, während man im unangenehmen Fall zu frieren beginnt und blaue Lippen bekommt. Diese Situation kennen alle, wenn sie aus dem Wasser kommen und zudem ein Wind weht. Zum Glück besteht die Möglichkeit, sich warm zu zittern, das heißt, durch ruckartige Bewegungen von Muskeln Hitze zu erzeugen. Das ist eine Aktion, die Männern leichter fällt als Frauen, da sie mehr Muskeln aufweisen. Zudem ist die weibliche Haut etwas dünner, was es Frauen schwieriger macht, ihre Körperwärme zu konservieren. Männer haben mehr Muskeln, weil die Natur sie reichlicher mit einem Hormon namens Testosteron ausgestattet hat, das zum Muskelaufbau benötigt wird. Die Evolution hat die Männer damit versorgt, weil sie auf die Jagd gingen und dabei so athletisch wie möglich sein mussten. In den Anfängen der Menschheit bestand für die Frauen bei der Versorgung der Familie mehr die Aufgabe, das Feuer vorzubereiten. Das erforderte sorgfältiges Planen und neben der Aufsicht der Kinder ein koordiniertes Handeln. Um ein Kind zu erziehen, ist ein ganzes Dorf oder ein Stamm nötig, so ist zu lesen, und die erforderliche Teamleistung verdanken wir vornehmlich den Frauen.

Übrigens – die Muskelkraft der Männer nimmt vor allem beim Eintritt in die Lebensphase zu, die Pubertät heißt und die auch mit einem Stimmbruch verbunden ist, wobei damit nur die harmlosen Begleiterscheinungen der Erlangung der «Geschlechtsreife» angesprochen sind, die auf Lateinisch «pubertas» heißt. Wer fragt, was die Pubertät den Menschen bringt, wird von Biologen etwas von der einsetzenden Fortpflanzungsfähigkeit hören. Aus Kindern werden erst Teenager und dann Erwachsene, was Neugierigen ein ganzes Spektrum an Themen eröffnet. Ganz am Anfang etwa die Frage, warum Menschen so hilflos, nämlich als «physiologische Frühgeburten», wie es der Biologe Adolf Portmann genannt hat, zur Welt kommen.

Bei Antworten darauf muss man zwei Aspekte unterscheiden. Der erste handelt von der Größe des menschlichen Gehirns, das im Laufe der Evolution so an Umfang zugenommen hat, dass das Leben der Mutter gefährdet würde, kämen die Kinder später zur Welt, als sie es jetzt tun. Und da sich als Folge dieses Frühgeborenwerdens das menschliche Gehirn weiterentwickelt, während seine Träger schon herumkrabbeln und die Umgebung mit den Sinnen wahrnehmen und spielerisch erkunden, kann sich ein Mensch höchst flexibel an die Natur und alles um ihn herum anpassen. Letztlich kommt das dem zugute, was man die Intelligenz nennt. Nun scheint sie ausgerechnet während der

Pubertät eine Pause zu machen: Die Pubertierenden tuscheln und kichern lieber und verlieren die Lust am systematischen Lernen, sie halten immer weniger von den elterlichen Regeln und Ratschlägen und begeben sich durch Fehleinschätzungen in Gefahren und neigen dem Konsum von Drogen zu. Physiologisch betrachtet, befindet sich das Gehirn in einer Umbauphase, wobei die Neuausrichtungen so plötzlich abgeschlossen sein können, wie sie begonnen haben. Die Pubertät liefert wie jede Entwicklungsphase eines Menschen eine unendliche Geschichte, die man in der allgemeinen Einsicht zusammenführen kann, dass es im Leben einer Person nur Bewegung gibt und jeder und jede sich in immer neuen Phasen des Lebens neu erfinden und permanent schöpferisch tätig sein muss. Lebenslanges Lernen gehört zum Leben. Es gibt kein Ich, wie man etwas hochtrabend sagen könnte, es gibt nur das Bemühen eines oder einer jeden Einzelnen, dieses Ich zu werden und es aus sich hervorzubringen.

Ein Ärgernis namens Handy

In diesen Tagen des frühen 21. Jahrhunderts kann der Blick auf die pubertierenden Jugendlichen nicht übersehen, dass für viele von ihnen das Handy oder Smartphone eine wichtigere Rolle spielt als die übrigen Familienmitglieder. Viele ziehen die virtuellen den realen Kontakten vor, und auch wenn Smartphone-Nutzer direkt angesprochen werden, schaffen sie es kaum, ihre Augen einmal von dem Display zu lösen. Zum Teil lässt sich das mit der Evolution in Hinterkopf erklären. Menschen sehen nicht nur gezielt und fokussiert auf ein Gegenüber in der Nähe oder einen Gegenstand in der Ferne. Ihre Wahrnehmung erfasst auch die Peripherie des Blickfeldes, und zwar so, dass selbst die kleinste Bewegung dort Aufmerksamkeit bekommt. Viele werden das kennen, wenn sie etwa in einen Konzertsaal mit vielen Menschen auf ihren Plätzen blicken, und während sie das tun, öffnet sich im Hintergrund eine Tür. Sie kann noch so klein sein. Ihre Bewegung zieht unmittelbar das Interesse der Um-sich-Schauenden auf sich, weil die Evolution Menschen darauf eingestellt hat, selbst kleinste Veränderungen am Blickfeldrand ernst zu nehmen. Schließlich könnte es sein, dass sich von dort her Gefahr in Gestalt eines Raubtiers nähert. Natürlich dringt kein Tiger in den erwähnten Konzertsaal ein, aber die Fähigkeit, seine Aufmerksamkeit raschen Bewegungen zu widmen, gehört zur bleibenden Grundausstattung menschlicher Verhaltensweisen – und die springenden und unentwegt wechselnden Bilder auf dem Handydisplay nutzen dies aus. Man kann die Augen nicht von dem zuckenden bunten Gewimmel lassen und starrt weiter auf sein Smartphone, sogar wenn man angesprochen wird oder eigentlich nichts Neues auf dem Apparat zu sehen bekommt. Die bewegten Bilder lassen die Blickenden nicht los, und so zeigt sich im Umgang mit neuester Technik immer noch die alte Natur des Menschen.

Es gehört zu den Grundmustern aktueller Kulturkritik, vor dem Gebrauch der Smartphones zu warnen, weil sie das zu verursachen scheinen, was man mit dem hübschen Ausdruck der «digitalen Demenz» beschrieben hat. Genauso gut lässt sich aber fragen, warum sich die Menschen durch dieses Wunder in ihrer Hand, dessen Funktionieren von Magie nicht zu unterscheiden ist, nicht zu einem endlosen Staunen anregen lassen und neugierig wissen wollen, wie die Welt zum einen überhaupt in diese Maschine hineingekommen ist und wie sie zum Zweiten als Bild, Musik oder Sprache wieder herauskommen kann. Früher brauchte man Tonträger wie Schallplatten oder CDs, um

Töne zu reproduzieren. Aber so etwas findet sich in einem Smartphone nicht. Wie kann es trotzdem ein Klavierkonzert ertönen lassen? Und auch nach dem Unterschied zwischen den Farben auf dem Display und denen in der Natur habe ich zu meinem Bedauern noch nie jemanden fragen gehört.[17] Wie viele Farben kennt die Natur und bietet ein Display? Fühlen sich Menschen durch die Zauberdinger in ihren Händen überfordert und verzichten deshalb selbst auf den geringsten Versuch, ihre technische Unmündigkeit aufzuheben, wie es die Aufklärung einmal propagierte? Klar ist, dass das Handy die Menschen weniger «mündig» und eher «händisch» macht, und die Frage an die Gesellschaft lautet, ob man da Abhilfe schaffen sollte, und wenn ja, wie das geschehen kann.

In seinem Buch *Homo ludens* hat der niederländische Anthropologe Johan Huizinga bereits 1938 beschrieben, wie Menschen sowohl ihre kulturellen Fähigkeiten als auch ihre individuellen Eigenschaften im Spiel entdeckt haben. Der Mensch ist «nur da ganz Mensch, wo er spielt», hat Friedrich Schiller einmal geschrieben. Heute unternimmt der *Homo ludens* dies mit dem Computer. Man kann darüber die Nase rümpfen, aber wer das tut, sollte erst einmal die komplexe Hardware bestaunen, die mit passender Software zu betreiben ist, was bei den Spielerinnen und Spielern höchste Fingerfertigkeit erfordert und logisches Denken zum Dauereinsatz zwingt. Vielleicht fängt die Geschichte des Spielens, an dem Menschen beteiligt sind, erst in der digitalen Welt so richtig an. Wer kann das schon wissen?

Eine Frage der Investition

Zurück zur Pubertät: Um zu verstehen, wie sich beim Erwachsenwerden unterschiedliche männliche und weibliche Dispositionen herausbilden konnten, gilt es, die biologische Evolution genauer zu betrachten und nach ihren Spuren zu suchen. Beide Geschlechter wollen sich optimal fortpflanzen, und sie erreichen ihr Ziel durch unterschiedliches Vorgehen. Der entscheidende Schritt erfolgte vor etwa 400 Millionen Jahren, als Tiere dazu übergingen, an Land zu leben. Fische praktizieren bis heute äußere Befruchtung, das heißt, Männchen und Weibchen geben ihre Keimsubstanz einfach ins Wasser und überlassen sie ihrem Schicksal. Bei landlebenden Tieren ist hingegen eine innere Befruchtung erforderlich geworden. Dies bedeutet, dass einer der beiden Organismen das keimende Leben aufnehmen und austragen muss. Diese Funktion fiel den Weibchen zu, weil sie die größeren und unbeweglicheren Eizellen produzierten.

Daraus entwickelte sich eine umfassende Asymmetrie, die Evolutionsbiologen durch den Begriff der «Parentalen Investition» verstehen wollen. Damit meinen sie den Aufwand an Zeit, Energie und Risiko, den ein Elternteil für jedes Kind auf Kosten weiterer potentieller Nachkommen investieren muss. Dieser Aufwand ist für Männchen erheblich niedriger als für Weibchen. Während Mütter nach der Paarung erst einmal durch das Austragen der Jungen blockiert sind, können Väter weitere Weibchen befruchten. Besonders bei Säugetieren kann das weibliche Geschlecht erheblich weniger Nachkommen bekommen als das männliche. Menschliche Mütter können allerhöchstens zwanzig Kinder gebären, während von manchen Männern berichtet wird, dass sie mehr als hundert Söhne und Töchter gezeugt haben, und das wäre noch nicht einmal die biologische Obergrenze.

Insgesamt lassen sich zwei gegenläufige Fortpflanzungsstrategien unterscheiden – eine quantitative, nach dem Prinzip «die Masse macht's», und eine qualitative, die sich mit wenigen

Nachkommen begnügen muss, jedem oder jeder Einzelnen davon aber eine gute Startbasis zu verschaffen versucht. Weibchen ist die quantitative Strategie verwehrt, was einen stärkeren Selektionsdruck auf die Entwicklung und den Ausbau von Qualitäten bewirkt. Für die Männchen ist es am günstigsten, nach der Befruchtung unverzüglich nach der nächsten empfängnisbereiten Partnerin zu suchen. Dabei stoßen sie allerdings auf Grenzen. Denn sie können ihr Fortpflanzungspotential nicht ausleben, da paarungsbereite Partnerinnen nicht unbegrenzt zur Verfügung stehen. Auf eine Partnerin, die nicht gerade trächtig oder mit der Brutpflege befasst ist, kommt im Tierreich immer eine erhebliche Anzahl männlicher Bewerber. Und damit entsteht für das männliche Geschlecht die Notwendigkeit, mit Rivalen um paarungsbereite Partnerinnen zu konkurrieren. Dabei hat das weibliche Geschlecht die Wahl. So wird eine sexuelle Selektion möglich, die den Besten bevorzugt, wodurch ein zusätzlicher Leistungsdruck auf die männliche Höchstform ausgeübt wird.

Wegen dieser Schieflage der parentalen Investition ergeben sich unterschiedliche Lebensumstände. Im Laufe der Evolution hat dies dazu geführt, dass die Geschlechter verschieden ausgestattet worden sind. Bei Männchen begünstigt der permanente Rivalitätsdruck körperliche Kraft und Ausdauer; es gilt, für den Wettbewerb bereit zu sein und das Risiko des Kampfes einzugehen. Der Rivale wird dabei oftmals durch Drohen und Imponiergehabe eingeschüchtert, um es gar nicht erst zum Ernstfall kommen zu lassen. Männchen sind vielfach auf Schau hin angelegt, etwa in Form prächtiger Mähnen und Geweihe, und sie trumpfen gern angeberisch auf. Es fällt nicht schwer, die Folgen davon in der Männerwelt zu finden, wo man einstmals Halbstarke mit gegelten Haaren durch die Straßen ziehen sah.

Nun bringen nicht alle Angebereien und Auseinandersetzungen den gewünschten Erfolg. Wer dazu neigt, sich durch Niederlagen entmutigen zu lassen, hat kaum eine Chance, seine Eigenschaften zu vererben. Dagegen werden diejenigen bevorzugt, ihr genetisches Material weiterzugeben, die über eine gewisse Dickfelligkeit verfügen und unverdrossen immer wieder neu versuchen, zum Zuge zu kommen. Toleranz gegenüber Misserfolg ist somit ein weiteres Merkmal des männlichen Konkurrenzverhaltens, was konkret bei Menschen dazu führt, dass sich gescheiterte Männer stets erneut bewerben, wenn sie abgewiesen worden sind, während Frauen rasch resignieren, wenn sie scheitern.

Natürlich können diese Bemerkungen lediglich den Appetit wecken, weitere evolutionär ausgerichtete Erklärungen für die Unterschiede zwischen den Geschlechtern zu finden. Sie werden schnell komplizierter, wenn man transsexuelle Menschen mit einbezieht, die das Gefühl haben, im falschen Körper zu leben, und oftmals den Wunsch verspüren, ihr Geschlecht zu wechseln. Die Ursachen der Transsexualität harren noch der wissenschaftlichen Aufklärung. In Biologenkreisen wird vielfach vermutet, dass der Fötus im Mutterleib durch «unpassende» Hormone beeinflusst wird, während daneben auch die Ansicht zu lesen ist, dass veränderte Hirnstrukturen oder psychodynamische Umstände eine große Rolle spielen könnten.

In traditionellen Lehrbuchdarstellungen wird das Geschlecht durch besondere Chromosomen bestimmt, die in den Zellkernen schlummern und wegen ihres mikroskopischen Aussehens mit den Buchstaben X und Y bezeichnet werden. Frauen sind demnach Menschen, in deren Zellen zwei X-Chromosomen agieren, während Männer ein X- neben einem seltsam kleinen Y-Chromosom tragen. Man hoffte, auf dieser Erbanlage einen Faktor zu finden, der das Geschlecht bestimmt, aber so einfach laufen die Vorgänge in der Natur nicht ab. Bei dieser Festlegung spielen nämlich auch die Temperatur, der Lichteinfall, parasitische Infektionen und sogar soziale Umstände eine Rolle. Es bedeutet, dass Sex ziemlich kompliziert sein kann, auch wenn das Wort einfach klingt.[18]

In der Hitze der Nacht

Jetzt geht es zum Pool. An Sommertagen wird die Haut oft schon feucht durch den Schweiß, der nicht nur Badenden dazu dient, ihre Köperwärme nach außen abzugeben. Das Hautsekret gelangt durch Schweißdrüsen auf die Körperoberfläche und verdunstet dort, was abkühlend wirkt. Als Vorbereitung auf das Schwitzen weitet ein Organismus seine Gefäße. Dieser Vorgang lenkt das Blut verstärkt in die Haut und erklärt so die roten Wangen, die Menschen auch bekommen, wenn sie verliebt sind oder beim Lügen ertappt werden. Dazu gleich mehr.

Schwitzen hilft Menschen nicht nur, ihre Körpertemperatur zu regulieren. Der Schweiß bringt auch Sexualstoffe (Pheromone) nach außen, die auf den Partner oder die Partnerin erregend wirken und der Hitze der Nacht – «the heat of the night» – neben der physikalischen auch eine menschliche Tiefendimension verleihen. Wer mit ihrer Hilfe anfängt, schweißgebadet über sein Dasein nachzudenken, wird gerne und vergnügt die Information zur Kenntnis nehmen, dass der Schweiß ihm nicht nur aktuelle Liebenswürdigkeiten, sondern seiner Gattung insgesamt evolutionäre Vorteile eingebracht hat.

Im Gegensatz zu vielen von den frühen Menschen gejagten Beutetieren verfügte bereits der *Homo erectus* über Schweißdrüsen. So konnte er während einer Ausdauerjagd darauf warten, dass sein potentielles Opfer – etwa eine Antilope – ohne Schwitzen bald erschöpft war und eine Ruhepause einlegen musste; ihm selbst bot sich dagegen die Chance zu einer erfolgreichen Erlegung. Schweiß hilft Menschen nicht nur als körpereigene Klimaanlage, die feuchten Ausdünstungen dienen auch als säuerliche Abwehrschicht gegen zahlreiche Krankheitserreger, die sie zu zersetzen helfen. Neben dem sexuellen kann das auch einen ziemlich abstoßenden Schweißgeruch mit sich bringen.

Während der Körperschweiß Viren und Bakterien abzuwehren versucht, hilft ein anderer Schleimfilm – vor allem im Winter –, sie aus der Nase hinauszubefördern. Das wirkt oft lästig und zieht viel Schnäuzen und Putzen nach sich. Das zähe bis flüssige Sekret enthält eine Fülle von Molekülen, die sich an den Eindringlingen zu schaffen machen, wobei die Haare in der Nase einen ersten groben Filter darstellen, mit dem sich der Körper wehrt. Die bei kühlen Temperaturen vermehrte Absonderung von Nasenschleim kommt dadurch zustande, dass die Atemluft erwärmt werden muss, was die Sekretbildung erhöht. Das sonst wenig Beachtung findende Riechorgan wird von Rhinologen – also von Hals-, Nasen-, Ohrenheilkundigen – als Wunderwerk für die Konditionierung der Luft angesehen: Die Nase befeuchtet, was ein Mensch einatmet, wenn es draußen zu trocken ist, sie wärmt und reinigt den Odem, versorgt die Luft mit Botenstoffen, die ihrerseits dafür sorgen, dass sich die Blutgefäße erweitern können, und aktiviert Gewebe, um immunologisch tätig zu werden. Man sollte sich also eher freuen, wenn im Winter die Nase läuft. Dann funktioniert sie bestens.

Zurück in den Sommer: Wer verliebt ist, kann nach der Körperpflege das tun, was Friedrich Schiller in einem Gedicht mit den Worten «errötend folgt er ihren Spuren» beschrieben hat. Dieselbe Rotfärbung der Haut zeigt sich auch, wenn jemand wütend reagiert oder beim Flunkern erwischt wird. In allen Fällen lässt sich eine erhöhte Durchblutung von feinen Äderchen im Gesicht nachweisen. Sie sind vornehmlich auf den Wangen und der Stirn zu finden, wobei die auslösenden biochemischen Körpersignale vom Gehirn ausgehen. Sobald das Denkorgan unter der Schädeldecke eingreift, kann man keine schlichten Antworten mehr erwarten und mechanische Erklärungen wirken fehl am Platz. Auf die Frage, warum jemand errötet, der in einer peinlichen Situation erwischt wird, antworten Psychologen mit dem Hinweis, dass dies ein Weg sein könnte, auf dem der oder die Ertappte signalisiert: «Oh, da habe ich einen Fehler gemacht!» Dieses Eingeständnis verhindert, dass der oder die einsichtsvoll Geständige aus der Gemeinschaft ausgeschlossen wird.

Der amerikanische Dichter Mark Twain meinte einmal: «Der Mensch ist das einzige Lebewesen, das erröten kann – und das auch sollte.» Wer verliebt ist, deren oder dessen Herz schlägt schneller und (nicht nur) die Handflächen werden feucht. Wenn sich die Verliebten gegenübersitzen, weiten sich zudem ihre Pupillen, als ob das Gehirn so viel Informationen wie möglich über den anvisierten Sexualpartner einsammeln möchte. Bei Verliebtheit wimmelt es an den richtigen Körperstellen von Hormonen wie Adrenalin, Serotonin und Dopamin. Die Wissenschaft kennt inzwischen auch eine eigens produzierte Liebesdroge, die auf den wenig attraktiven Namen Phenylethylamin hört. Man kann darüber hinaus von dem Kuschelhormon Oxytocin lesen, das dabei hilft, zum Orgasmus zu kommen. Das Oxytocin wird freigesetzt, wenn ein Mensch angenehme Sinneserfahrungen macht, wobei das Streicheln eines geliebten Menschen wirksamer sein dürfte als der Aufenthalt in einer Wellness-Oase.

Innere Unendlichkeiten

Bevor nun weiter über das Erröten von Menschen und andere Färbungen ihrer Haut berichtet wird, soll noch einmal der zentrale Gedanke dieses Buches in Erinnerung gebracht werden: Eine Antwort ist nicht das Ende des bis zu diesem Punkt gekommenen Fragens, sondern – im Gegenteil! – nur der Anfang des weitergehenden Erkundigens. Hierin steckt ein Grundprinzip des Wissenschaftlichen, dem der große Bildungsreformer Wilhelm von Humboldt schon im 19. Jahrhundert attestierte, ein stets offenes und niemals abgeschlossenes Suchen nach Antworten zu sein, wie es die besondere Bedeutung des Begriffs «Bildung» anzeigt. «Bildung» erfasst sowohl den Prozess – das Bilden – als auch das Ergebnis – das Gebildete selbst. Wenn sich nach allen Fragen immer wieder neue stellen – und immer mehr von ihnen –, wenn sich das Geheimnisvolle der Natur also beim Näherkommen weiter öffnet und nach jeder Windung tiefere Dimensionen zu erkennen gibt, dann kann man von einem endlosen Prozess des Eindringens in das Innerste der Welt sprechen und den Fragestellungen eine innere Unendlichkeit attestieren. Sie scheint unerschöpflich zu sein und soll hier noch einmal in aller Kürze vorgeführt werden, und zwar an dem Fall, dass Neugierige sich erkundigen und wissen wollen, wie man das Erröten eines Menschen sieht und erkennt, wenn er sich schämt oder sich verliebt hat.

Also: Bäckchen werden gut durchblutet und röten sich. In einem naturwissenschaftlichen Kontext meint dies, dass Licht von bestimmter Wellenlänge von den erwärmten Hautpartien ausgeht und den Weg durch den Raum in ein Auge findet. Natürlich müsste man erst einmal erklären, wie das Blut an die richtigen Stellen kommt, wie den entsprechenden Hautstellen das rötliche Licht entspringt, wie es sich ausbreitet und so weiter, aber jetzt soll das Rot schon da sein und sein Licht auf dem Weg von dem Gesicht in die Welt unterwegs sein. Irgendwann erreicht es ein Auge, und hier durchquert das physikalische Signal einen als Glaskörper bezeichneten Zellhaufen. Aufgefangen wird das Licht erst auf der Hinterwand des Sehorgans, die als Netzhaut (Retina) bekannt ist. Kurioserweise wird das Licht auf der Retina hinten im Auge erst aufgenommen (absorbiert), nachdem es eine Schicht aus Nervenzellen durchquert hat, die vor (!) der Retina liegen und eine Art Gestrüpp bilden. Niemand kann diese umständlich wirkende Anordnung der Natur kurz und knapp plausibel machen, aber was man lernen kann, lässt sich so ausdrücken: Das Auge macht keine Fotografie der betrachteten Szene in der Außenwelt, es zerlegt die eingehenden Informationen in einzelne Bereiche, die als rezeptive Felder bekannt sind und dem Gehirn im weiteren Verlauf der Verarbeitung – einfach gesagt – geometrische Muster liefern, wie sie auch Maler nutzen, wenn sie an ihrer Staffelei arbeiten – Punkte, Kreise, Ringe und Linien zum Beispiel, wobei die Farben hier übergangen werden. Mit dieser Anordnung lässt sich sagen: Das Gehirn malt die erhitzten Wangen eines errötenden Menschen. Es bietet ihm keine Fotografie an, und so kann das Licht erst einmal ein Gestrüpp durchlaufen, bevor das Auge sein Eintreffen registriert.

Das Auge muss sich erst durch den erwähnten Zellteppich aus Nervenzellen kämpfen, bevor es seine Energie abgeben kann, und zwar an Zellen, die in der Netzhaut auf sein Eintreffen warten. Die Experten unterscheiden zwei Zelltypen, die hier mit dem Licht wechselwirken – sie heißen nach ihrem Aussehen Zapfen und Stäbchen. Aber für unsere Zwecke ist nur wichtig, dass das physikalische Signal «Lichteinfall» in beiden Fällen eine biochemische Reaktion auslöst, die es allerdings in sich hat und Folgen zeigt. In den lichtempfindlichen Zellen befinden sich Fotorezeptoren, wie die entscheidenden Moleküle heißen, die aus einem großen und einem kleinen Anteil bestehen. Dabei ist das kleine Stück dem Vitamin A sehr eng verwandt, was erklärt, warum dieses Molekül wichtig für die Ernährung ist (und sein Mangel Blindheit zur Folge haben kann). Wenn das Licht seine Energie abgibt, löst sich das Vitamin aus seinem Verbund, es kommt frei. Damit ist aus dem physikalischen ein biochemisches Signal geworden, das andere Zellen aufgreifen. Um zu verstehen, was nun passiert, muss man – hoffentlich staunend – zur Kenntnis nehmen, dass in den lichtempfindlichen Zellen der Netzhaut ein winziger Strom fließt, solange es im Auge dunkel ist. Man spricht vom Dunkelstrom, und vermutlich kommen einem jetzt beliebig viele Fragen dazu in den Sinn: Wer treibt den Strom an? Woraus bestehen seine Ladungen? Wo fließt er genau entlang? Was ist der Vorteil solch einer Einrichtung? Und immer so weiter in einer zunehmenden Unendlichkeit, in der man sich mehr und mehr zu verlieren fürchtet, bis plötzlich ein einfacher Punkt gemacht werden kann. Das freigesetzte Vitamin sorgt nämlich dafür, dass der Dunkelstrom unterbrochen wird. Und wenn damit auch noch niemandem klar sein wird, was dazu im Detail ablaufen muss, so kann doch eines konstatiert werden, dass nämlich das ursprünglich physikalische Lichtsignal jetzt in eine elektronische Information umgewandelt worden ist, mit der man endlich versteht, wie sie den Weg ins Gehirn findet und das Sehen ermöglicht, um das es von Anfang an gehen sollte. Allerdings, wenn jetzt jemand wissen will, wie das Gesehene in Worte gefasst – «Erröten» zum Beispiel – und in seiner Bedeutung verstanden wird – «Schämen» vielleicht –, dem wird beim Stellen dieser Frage rasch klarwerden, dass zu ihrer Beantwortung eine ganze Bibliothek voller Bücher benötigt wird, falls das überhaupt reicht. Auf jeden Fall zeigt sich, wie sich hinter jeder einzelnen Fähigkeit des Lebens eine unendliche Geschichte versteckt, die zu erzählen sich lohnt und Freude macht. Dabei kann man selbst voller Eifer die roten Bäckchen bekommen, die man die ganze Zeit erklären wollte.

Die Farben der Haut

Das Erröten der Haut kann von innen kommen – durch eine gesteigerte Blutzufuhr und erweiterte Gefäße –, oder es kann von außen kommen – durch einen Sonnenbrand, durch Schläge auf Körperteile oder durch Schürfwunden mit Entzündungen. In diesem letzten Fall kommt das Rot doch wieder von innen, weil die erlittenen Verletzungen das Blut nach außen treten lassen. Beim Sonnenbrand haben die Ultraviolettstrahlen im Sonnenlicht zu Schädigungen der Moleküle in den Zellen geführt. Das betrifft vor allem die Epidermis, deren biologische Bestandteile so verändert werden, dass nach dem ersten Brennen später die Elastizität der Haut verändert wird und sogar Schäden des genetischen Materials auftreten, die Hautkrebs auslösen können. Solch ein Sonnenbrand und die damit verbundenen Gefahren für das eigene Leben treten vor allem bei hellhäutigen Menschen auf, während Tiere mit ihrem dichten Fell vor den Verbrennungen durch die Sonnenstrahlen einigermaßen geschützt sind – was aber nicht heißt, dass zum Beispiel Hunde ohne jeden Sonnenschutz auskommen können. Im Gegensatz zu weißen Hundehaltern erweisen sich schwarzhäutige Tierliebhaber – man sagt heute, sie besäßen eine Haut vom negroiden Typ – als weniger empfindlich gegenüber den UV-Strahlen, was aber nicht verhindert, dass auch sie einen Sonnenbrand an den weniger pigmentierten Stellen ihres Körpers bekommen können, zum Beispiel an den Handinnenflächen, die sie bei hellem Sonnenschein besser so bedeckt halten wie Weiße ihren ganzen Körper.

Die Hautfarbe eines Menschen wird bestimmt durch die Anwesenheit des Pigments Melanin. Sein Name leitet sich aus dem altgriechischen Wort «mélas» für schwarz ab, und sein Anteil ist durch genetische Vorgaben bestimmt. Handflächen und Fußsohlen zeigen sich gewöhnlich arm an Melanin, während die Zonen um die Brustwarzen und Geschlechtsorgane durch einen erhöhten Anteil des Pigments dunkler werden. Frauen sind insgesamt ein paar Prozent hellhäutiger als Männer, was sie aber nicht anfälliger für den Hautkrebs macht, der auch Melanom genannt wird und extrem gefährlich ist. Die Krebszellen können leicht in die Blutbahn gelangen und sich im ganzen Körper ausbreiten.

Wenn jemand wissen will, warum es die verschiedenen Hautfarben gibt und wie sie entstanden sind, dem wird man im Rahmen der biologischen Wissenschaften mit Überlebensvorteilen der weißen, braunen oder schwarzen Menschen antworten. Dabei gilt stets der Grundgedanke, dass Melanin vor den Schäden schützt, die das UV-Licht bewirken kann. Die Fachleute für die Evolution streiten sich über die Frage, ob Menschen erst dunkelhäutig waren und dann im Laufe der Zeit weiß geworden sind oder ob die Entwicklung andersherum verlaufen ist. Wenn man annimmt, dass die Wiege der Menschheit in Afrika gestanden hat und Sonnenschutz für das genetische Material geboten war, findet man den Gedanken angemessen, dass die ersten Menschen schwarz waren. Denn dann kann ihre Haut sie besser vor Erbschäden durch Sonneneinstrahlung bewahren und auch ein im Blut zirkulierendes Molekül namens Folsäure schützen, das unter anderem an der Spermienproduktion beteiligt ist. Nachdem die dunkelhäutigen Menschen – aus welchen Gründen auch immer – in weniger lichtintensive Regionen – mit einem angenehmeren Klima? – gezogen waren, brachten Mutationen für eine hellere Haut Vorteile mit sich, da mit ihrer Vorgabe durch das Sonnenlicht leichter ein Vitamin gebildet werden kann, das dem Körper beim Knochenaufbau hilft. Auf der weißen Oberfläche lassen sich darüber hinaus leichter Parasiten erst ausfindig machen und anschließend entfernen, während sie sich in einem schwarzen Umfeld besser verstecken und behaupten können.

Das skizzierte Szenarium ist in der Fachwelt umstritten. Möglicherweise haben die Menschen ihre evolutionäre Geschichte mit dem Zwischending einer ockerfarbigen Haut begonnen, aus der sich dunkle und helle Typen mit mehr oder weniger Melanin entwickelt haben. Dabei ist in der Moderne die Paradoxie nicht zu übersehen, dass zum Beispiel ein Schwarzer wie Michael Jackson alles daransetzt, wie ein Weißer auszusehen, während die Hellhäutigen – arm wie reich – alles daransetzen, sich beim Sonnenbaden eine möglichst tiefbraune Haut zuzulegen. Dies gelingt auf der physiologischen Ebene dadurch, dass die UV-Strahlen auf Zellen treffen, die Melanozyten heißen, weil sie Melanin enthalten und das Molekül auch freigeben, wenn sie mit ausreichend Licht aktiviert werden. Man liegt am sonnigen Strand und arbeitet wochenlang an seinem Teint, auch wenn der nach der Rückkehr im öden Grau der wolkenbedeckten Heimat rasch wieder schwindet und man vor allem sein eigenes Krebsrisiko erhöht hat – auch wenn aus medizinischer Sicht zuzugeben ist, dass Sonnenbaden in Maßen das Immunsystem stärken kann. In europäischen Breiten galt eine tiefbraune Hautfarbe lange Zeit als Statussymbol, wie vor allem diejenigen merken konnten, die von ihren Urlaubstagen in südlichen Gefilden eher bleich nach Hause kamen und dann hören mussten, wie die Nachbarn unkten: «Ihr seid ja gar nicht braun geworden.» Das ließ auf schlechtes Wetter schließen und tröstete die Daheimgebliebenen durch Schadenfreude. Heute verstehen Menschen besser, dass bei allen Vorteilen der Bräune – sie lässt einen Menschen gesund erscheinen und seine Haut kann energiereiches UV-Licht abfangen – die Risiken der Einstrahlung, der man seine Haut aussetzt, nicht zu übersehen sind und man überlegen sollte, der Gesundheit den Vorrang vor der vermeintlichen Schönheit einzuräumen.

Anmerkungen zum Krebs und zum Tod

Wer dies liest, wird sich vielleicht jetzt fragen, wie denn nun der Krebs bei den Hautzellen entsteht, wie überhaupt Krebs entsteht. Zu den erstaunlichen Entwicklungen in der zweiten Hälfte des 20. Jahrhunderts gehört die Einsicht, dass Krebs als eine genetische Krankheit verstanden werden kann, als ein pathologisches Geschehen, das von Genen – vom genetischen Material – ausgeht, wobei die Onkologen zwei gegenläufige Beiträge des Erbguts unterscheiden. Zum einen kennen sie Onkogene, wie man sagt, deren Funktionieren im Normalfall – bevor sie Onkogene werden – für das Wachsen und Leben einer Zelle benötigt wird. Sie können sich – zum Beispiel durch UV-Licht – so ändern (mutieren), dass mit Hilfe der neuen Form eine Zelle zu wuchern beginnt und zu einem Tumorgewebe wird. Um dies im gesunden Normalfall zu verhindern – dies zum Zweiten –, hat die Evolution dem Leben genetische Wächter mit auf den Weg gegeben, die den anschaulichen und deskriptiven Namen Tumorsuppressorgene bekommen haben, weil sie die Bildung von

Krebsgewebe verhindern. Sie erfüllen diese Aufgabe, indem sie den Zellzyklus kontrollieren und das Absterben von Zellen bewirken, wenn diese nicht weiter gebraucht werden. Wie es der Begriff ausdrückt: Tumorsuppressorgene übernehmen die Aufgabe, die außer Kontrolle geratene Teilung von geschädigten Zellen zu stoppen, aber wenn sie durch eine Mutation im Erbmaterial diese Aufgabe nicht mehr übernehmen können, beginnt übermäßiges Zellwachstum ohne Kontrolle, und es entsteht Krebs.

Das karzinogene Wuchern stellt für die Menschen und die Wissenschaft ein höchst verzwicktes und manchen Forschern unlösbar erscheinendes Problem dar. Einem Außenstehenden drängt sich der paradoxe Eindruck auf, dass das uralte Krebsproblem bis zum heutigen Tag so schwer in den Griff zu bekommen ist, weil die Tumorbildung eine Grundeigenschaft von Zellen zum Vorschein bringt und auf diese Weise untrennbar mit Leben verbunden ist und zu ihm gehört. Damit ist Folgendes gemeint: Die ersten Zellen, mit denen die Geschichte des Lebens vor ewigen Zeiten begonnen hat, traten sicher nicht in einem organisierten Verbund auf und haben weniger als Organismen und vielmehr einzeln gelebt, sich also mit Energie (Zucker) versorgt und geteilt. Der Vorschlag ist nicht von der Hand zu weisen, dass diese ersten Zellen in ihrer elementaren Daseinsweise unsterblich waren. Sie haben sich geteilt und geteilt und diesen ständig wiederholten Vorgang zum Grundstein ihres Lebens gemacht.

Hier wird die Ansicht vertreten, dass das zelluläre Leben zunächst ohne den Tod entstanden ist. Am Anfang des Lebens war der Tod nicht dabei (von äußeren Gewalteinwirkungen abgesehen). Das Sterben oder Absterben ist erst in die Welt gekommen, als sich einzelne Zellen mit anderen verbunden und viele gemeinsam das gebildet haben, was erst ein Gewebe war und später ein Organ wurde, das schließlich in einem Organismus seinen Dienst versah. Es ist nicht eine Zelle, die stirbt, es ist ein Zellverband, der abstirbt, und auf diese Weise ist mit der Vereinigung von Zellen der Tod in der Welt erschienen. Mit der zellulären Verbindung zu einem größeren Ganzen ist aber auch der Krebs entstanden. Denn was immer einzelne Zellen in der strukturierten Gruppe an spezialisierten Aufgaben zu übernehmen hatten, sie mussten im Organismus das aufgeben, was sie am besten konnten, und das war, sich zu teilen. Der alte Traum einer Zelle, zwei Zellen zu werden, war ausgeträumt. Die Zellen in einem Körper mussten also daran gehindert werden, ihre eigentliche Qualität einzusetzen und vorzuführen. Allerdings sollten sie ihr Teilungspotential behalten, weil dies benötigt wurde, wenn es eine Wunde zu schließen gab. War die Heilung gelungen, galt es wieder, das urtümliche Teilungsverlangen zu unterdrücken. Und dies erlaubt folgenden Gedanken:

In einem Organismus entsteht Krebs dann, wenn sich einige Zellen diesen Zustand der Unterdrückung nicht mehr gefallen lassen und als Tumorzellen zu ihrem Wunschzustand zurückkehren, den sie seit dem Anfang des Lebens in sich tragen. Krebs ist so gesehen die Befreiung einer von Haus aus dynamischen Zelle aus dem Gefängnis, in das sie als ortsgebundener Teil eines vielzelligen Organismus eingesperrt ist. Deshalb ist Krebs vom Leben nicht zu trennen. Im Krebs kehrt eine Zelle in ihre ursprüngliche Existenzweise zurück und beginnt erneut, sich zu teilen und zu teilen, und es ist anzunehmen, dass sie sich dabei so wohlfühlt, dass sie nicht mehr damit aufhören möchte.

Lachen und Lächeln

In einer der Geschichten von Asterix und Obelix taucht ein kleiner spanischer Junge auf, der seinen Willen dadurch durchsetzt, dass er die Luft anhält und seinen Eltern damit droht, dies so lange durchzuhalten, bis es tot umfällt. Die Frage lautet, ob so etwas möglich ist, und die Antwort fällt eindeutig aus. Sie heißt als Spaßbremse «Nein!». Wie jeder beim Tauchen bemerkt hat, fällt Menschen das Luftanhalten schwer, und die meisten schaffen nicht viel mehr als eine Minute. Die Erklärung dafür lautet, dass der Verzicht auf das Luftholen zum Sauerstoffmangel führt und Kohlendioxidüberschuss im Blut zur Folge hat. Dieser aber macht es einem Menschen unmöglich, den inneren Rhythmus des Atmens, der ihn ohne bewusstes Zutun am Leben hält, weiter bewusst zu unterbrechen, und so zwingt der Körper die Luft anhaltende Person nach kurzer Zeit unwillkürlich dazu, weiter zu atmen. Er oder sie muss sie irgendwann Luft einziehen und wieder ausstoßen, um mit diesem Atmen am Leben zu bleiben, das man als Gnade empfinden kann.

Wie das Lächeln und das Lachen entstanden sind, erklären Primatenforscher mit der Hypothese des sogenannten Zahnentblößungsdisplays, wie es die Fachwelt mit einem komplizierten Wort nennt. Man findet das dazugehörige Verhalten bei den meisten Säugetieren und sieht darin den evolutionsgeschichtlich ältesten Gesichtsausdruck überhaupt. Tiere setzen diese Mimik ein, wenn sie sich bedroht fühlen. Das Zahnentblößungsdisplay gehört zu den defensiven Gesichtsausdrücken und kommt zur Geltung, wenn ein Tier fliehen möchte, aus verschiedenen Gründen aber daran gehindert wird. Wenn Menschen unangenehmen Situationen nicht entkommen können, zeigen sie ebenfalls ihre Zähne, indem sie aus Verlegenheit lächeln, was zu der Ausgangsproblematik zurückführt. Wie kann ein offensives Zeigen der Zähne, also ein Präsentieren von Fresswerkzeugen, zu einem Signal der Defensive werden? Die Antwort der Evolutionsbiologie fällt gewieft dialektisch aus:

Das Tier zeigt seine Waffen, aber indem es sie zeigt, gibt es auch zu verstehen, dass es sie nicht einsetzen will. Das Zähnezeigen wird zu einem Signal der Unterwerfung und Nichtfeindseligkeit; im Laufe der Geschichte wird es als beruhigendes und schließlich sogar freundliches Zeichen verstanden. Das menschliche Lächeln steht am Ende dieser Entwicklung, an deren Anfang noch etwas anderes geschaffen werden musste, nämlich die anatomische Voraussetzung der Fähigkeit zum Lächeln. Sie besteht in der Durchgängigkeit der mit dem Oberkiefer verbundenen Oberlippe, mit der anthropoide Primaten und Menschen im Gegensatz zu Halbaffen, Hunden und Katzen ausgestattet sind. Nur mit solch einer Lippe gelingt es, ein Gesicht mit einem besonderen Ausdruck zu versehen. Nur mit einer haplorhinen Lippe – so der Fachausdruck – kann man lächeln, schmollen, die Zähne zeigen und zuletzt sogar lachen.

Solch ein Spektrum von Ausdrucksweisen hilft nur dann, wenn ein Gegenüber die produzierten Gesichtsausdrücke auch korrekt wahrnehmen und deuten kann. Es bedeutet, dass Lächeln und Lachen über einen sozialen Charakter verfügen. Das legt nicht nur die evolutionäre Geschichte nahe, das gehört inzwischen zum Standardwissen der Lachforscher, die es tatsächlich gibt und die sich wissenschaftlich als Gelotologen bezeichnen. Ihnen zufolge können Menschen seit sieben Millionen Jahren lachen. Aber erst seit zwei Millionen Jahren sind sie in der Lage, ihre Gesichtsmuskeln so zu steuern, dass sie ein lächelndes oder lachendes Gesicht gezielt einsetzen können. Tatsächlich lachen Menschen ja nicht nur, wenn sie etwas lustig finden, sondern eher dann, wenn sie soziale Bindungen aufbauen oder festigen wollen, und das gilt vom Anfang des Lebens an. Wenn Babys oder Kleinkinder lachen, suchen sie die Zuwendung des Sozialpartners, wie es die Wissenschaft trocken nennt. Wer lächelt, zeigt Friedfertigkeit und seine Bereitschaft an, mit anderen in Kontakt zu treten. Die Fähigkeit zum Lächeln wird Menschen in die Wiege gelegt; die dazugehörigen Muskelbewegungen – das typische Zusammenziehen der äußeren Augenwinkel zum Beispiel – sind schon bald nach der Geburt zu beobachten, und das, obwohl es in dem Alter von weniger als einem Monat noch nicht viel zu lachen gibt, Witze noch nicht verstanden werden und von Humor ebenso wenig die Rede sein kann.

In den ersten fünf Wochen ihres Lebens reagieren Neugeborene mit Lächeln auf Stimmen – sie bevorzugen hohe Stimmen –, bevor sie ihre Aufmerksamkeit Gesichtern zuwenden. Im Experiment werden sogar Gesichtsattrappen angelächelt, aber nur ein paar Monate lang. Dann lernen sie, Menschen zu unterscheiden, und sie setzen das Lächeln nur noch für die Eltern ein – wohl um sie auf diese Weise für die Mühe zu entlohnen, die sie mit ihnen haben. Fremde müssen sich ziemlich anstrengen, um angelächelt zu werden.

Der Übergang vom Lächeln zum Lachen geht stufenlos vor sich. Sprachlich stellt das Lächeln – im Deutschen – das Diminutiv von Lachen dar. Daraus folgt nicht, dass das leichte Hochziehen der Mundwinkel zum Lächeln oder das weite Öffnen des Mundes mit prustenden Tönen beim Lachen Abstufungen ein und desselben Verhaltens darstellen. Die meisten Gelotologen meinen, dass es sich beim Lächeln und Lachen um zwei verschiedene mimische Displays handelt, die beim Schimpansen deutlich voneinander getrennt sind und sich erst im Laufe der Hominisation der Menschenaffen immer mehr angenähert haben.

Die Vorstufe des Lachens erscheint bei höheren Primaten als ein «entspanntes Mundoffen-Display», was als «Spielgesicht» bekannt ist. Der Mund ist geöffnet, und die Bewegungen der Augen und des Körpers gehen gelassen vor sich. In diesem Zustand kann ein stoßartiges Atmen auftreten, das Schimpansen mit Vokalen anreichern können. Man hört ein «ah-ah-ah». Das dient dazu, einem anderen Tier zu signalisieren, dass das Verhalten als Spiel gemeint ist und ein Angriff nicht ernst genommen werden sollte.

Untersuchungen zum Lächeln und Lachen bei Kindern haben erkennen lassen, dass im Kindergarten das Lachen vor allem dann auftritt, wenn die Kinder wild und mit Körperkontakt spielen. Ihre Raufereien werden von Gelächter begleitet, was zu der Hypothese geführt hat, dass die tiefste Wurzel für das Lachen im Hassen zu finden ist. Bei Tieren versteht man unter «Hassen» eine «bei vielen Tierarten anzutreffende gemeinschaftliche Drohung gegen Feinde, die sich bei manchen Affenarten aus Zähneblecken und rhythmischen Drohlauten zusammensetzt».

Es gibt dazu auch andere Ansichten, etwa die, in Vorformen des Lachens eine Mischung aus ängstlichem Geschrei und beruhigendem Erkennen der Eltern zu sehen. Lachen entsteht in dieser Sicht als «autonomes Signal», das dem Empfänger «entschärfte Gefahr» zu verstehen gibt. Ob Lachen nun als aggressives oder defensives Verhalten entstanden ist, es lässt sich auf Gesichtsausdrücke zurückführen, die im Anschluss an gemeisterte Gefahren zum Ausdruck kamen.

Witze und Lachtränen

Dies führt zu der Frage, warum Menschen überhaupt über Witze lachen. Evolutionsbiologen sehen das Wesen des Witzes darin, dass mit ihm symbolische, unwirkliche Situationen geschaffen werden, in denen Menschen wegen ihrer Ungefährlichkeit andere ungehemmt auslachen können. Die enge Verbindung von Witzen und Lachen hat zu der zwar oft geäußerten, aber unhaltbaren Annahme geführt, dass nur Menschen lachen können. Tatsächlich zeigen Beobachtungen bei Gänsen, dass es bei ihnen eine Art Schnarren gibt, die dem menschlichen Triumphgeschrei nicht unähnlich ist und – bei völlig anderer Gesichtsmimik und Lauterzeugung – eine Vorstufe des Lachens darstellt. Insgesamt merken Ethologen an, dass nicht nur das Triumphgeschnatter von Gänsen, sondern auch die Spielgesichter von sozialen Säugetieren dem menschlichen Lachen analog sind, das trotzdem als rätselhafte Erscheinung bestehen bleibt. Als Faustregel lässt sich sagen, dass in allen Fällen, in denen gelacht oder gelächelt wird, eine Situation vorliegt, in der ein Subjekt seinen oder ihren Autonomieanspruch schubhaft zurücknimmt.

Das geschieht in der Situation des Triumphs, wenn der Gegner besiegt ist und das eigene Ich seinen für den Kampf benötigten Panzer ablegen kann. Umgekehrt erklärt sich so auch das verlegene Lächeln der Unterwerfung, das dem überlegenen Gegner die bedingungslose Kapitulation signalisiert. Vermutlich zeichnet die Menschen also nicht aus, dass sie lachen können, sondern worüber sie sich köstlich amüsieren. Es könnte sein, dass über einen tollpatschig stolpernden Clown deshalb gelacht wird, weil man in dem Augenblick Erleichterung spürt, da er wieder unversehrt aufsteht. Dann kann man sich einfach freuen und dabei vergnügt lachen.

Das Aufatmen, das einsetzt, wenn man merkt, dass alles gut gegangen ist und keine Gefahr droht, wird auch angeführt, wenn man verstehen will, warum Menschen lachen, wenn sie gekitzelt werden – wobei viele sicher die Erfahrung gemacht haben, dass sich die Regung nicht zeigt, wenn sie sich selbst kitzeln. In diesem Fall weiß man, dass einem keine Gefahr droht, was natürlich anders ist, wenn Fremde einen packen und berühren. Menschen fürchten Verletzungen in den sensiblen Regionen, in denen das Kitzeln die besten Effekte erzielt, also an den Fußsohlen und auf den Handflächen. Kinder sind am ganzen Körper kitzlig; ihr Lachen steigert sich, wenn die kitzelnden Eltern sich freuen und selbst lachen. Versucht eine fremde Person, einem Kind auf diese Weise Spaß zu bereiten, reagieren sie eher unsicher, und es kann passieren, dass sie ein böses Gesicht machen.

Viele Menschen kennen Witze oder Situationen, in denen ihnen beim Lachen die Tränen kommen. Was ist da los? Und warum gibt es überhaupt Tränen? Eine einfache Antwort spricht von schützenden Tränen, die das Auge als Schutzfilm generiert, um nicht auszutrocknen und mit Nährstoffen versorgt zu sein. Schwieriger ist es, zu sagen, warum Tränen sowohl bei Trauer und Schmerz als auch bei Freude und Jubel fließen. Offenbar kommen einem die Tränen, wenn man emotional erregt ist. Vielleicht sammeln sich Schadstoffe an, die entfernt werden müssen. Vielleicht will ein weinender Mensch aber auch nur seinem oder ihrem Gegenüber zeigen, dass sie oder er unter einer psychischen Anspannung steht. Erleichterung bedeutet der Tränenstrom, wenn man seine Gefühle nicht für sich selbst behält und stattdessen mit anderen teilt, sie anderen Menschen also wörtlich mitteilt.

Die enge Verbindung zwischen Schmerz und Lachen zeigt sich bei dem Witz, der von britischen Forschern als Champion der Komik ausgewählt worden ist. 40 000 Witze hat man den Probanden in einer umfangreichen Witzstudie vorgelegt, und die meisten Tränen flossen beim Lachen über die folgende Geschichte, die ich persönlich nicht so witzig finde: «Zwei Jäger gehen durch den Wald, als einer von ihnen plötzlich zusammenbricht. Er scheint nicht mehr zu atmen und zeigt glasige Augen. Der andere Jäger greift zu seinem Mobiltelefon und betätigt den Notruf. Er stammelt: ‹Mein Freund ist umgefallen und tot. Was kann ich tun?› Er wird gebeten: ‹Versichern Sie sich erst einmal, ob Ihr Freund wirklich tot ist.› Danach Stille. Dann hört man in der Notzentrale einen Schuss. Nun meldet sich der Jäger wieder: ‹Das ist geklärt. Was jetzt?›»

Sex und Witze

Allgemein wird man bemerken, dass es Unterschiede zwischen den Geschlechtern gibt, wenn es um den Humor und das geht, was als lustig empfunden wird. «Humor ist, wenn man trotzdem lacht», hat der Lyriker Otto Julius Bierbaum am Ende des 19. Jahrhunderts geschrieben, als die Zeiten kaum lustig genannt werden konnten. Der zitierte Satz stammt von einem Mann, und wer sich erkundigt, wird erfahren, dass Humor lange Zeit ausschließlich Männersache war. Jedem dürfte aufgefallen sein, dass die Clowns im Zirkus stets männlichen Geschlechts waren. Das geht so weit, dass der (humorlose) Philosoph Immanuel Kant Frauen jeden Witz absprach: «Lachen ist männlich, Weinen ist weiblich», meinte der Denker reichlich gedankenlos, auch wenn etwas an der Sache dran zu sein scheint. Frauen schreiben kaum absurde Komödien und eher raffinierte Kriminalromane, und im Kindergarten tun sich mehrheitlich die Jungen als Spaßmacher hervor, über die Mädchen dann gerne lachen.

Wer die Frage, warum sich Frauen bei Witzen anders verhalten als Männer, beantworten will, wird feststellen, dass Humor eine hierarchische Struktur nutzt und man von oben nach unten ausgelacht wird. Nun stehen Frauen – leider vielfach immer noch – meist unten, weshalb sie vor allem über sich lachen, während Männer über die anderen lachen können, die unter ihnen stehen. Karrierefrauen wirken humorlos, und amerikanischen Erhebungen zufolge lassen sie sich in der Öffentlichkeit kaum zu witzigen Bemerkungen hinreißen. Das hindert sie nicht, im kleinen Kreis vor lustigen Ideen zu sprühen, wobei sich herausstellt, dass sie nicht nur über andere Dinge lachen als ihre männlichen Kollegen – Frauen wollen weniger vorgefertigte Witze und lieber einen spontanen Ulk oder Scherz hören –, sondern dass auch ihr Lachen anders abläuft. Frauen lassen die Luft doppelt so schnell aus ihren Kehlen entweichen wie Männer, wobei sich diese Differenz mit den Jahren abschleift und sich nach den Wechseljahren der Lachton der Geschlechter angleicht.

Welche Rolle spielt das Lachen in einer intimen Beziehung, wollten Forscher an der Universität Halle unbedingt wissen, wobei sie auch auf die Angst eingegangen sind, dabei ausgelacht zu werden. Um das Ergebnis der Studie in aller Kürze zusammenzufassen: Wer ähnlich lacht, hat besseren Sex, beides miteinander. Wenn Partner sich beim Lachen und Auslachen ähnlich sind, dann wirken sie zufriedener mit ihrer Beziehung. Dagegen spricht nicht, dass der Ton zwischen den Geschlechtern in jüngster Zeit rauer geworden ist und Frauen dazu übergegangen sind, selbst sexistische Witze zu erzählen – gerade wenn es darum geht, den täglichen Frust mit dem Ehemann zu bewältigen: «Was macht eine Frau mit ihrem Mann, um zum Orgasmus zu kommen? Sie schickt ihn auf den Golfplatz.»

Übrigens – wer sich für Witze interessiert, wird finden, dass sie viel mit Tratschen oder Lästern zu tun haben. Und selbst wenn jetzt mancher Leser oder manche Leserin stutzen mag – die Evolutionsbiologie hält dieses Verhalten für gesund. Sie leitet es aus der Fellpflege (Kraulen) der Affen ab, die damit den Zusammenhalt von Gruppen fördern. Tratschen ist effektiver als Kraulen, weil dabei mehrere Individuen erreicht werden können. Mit dem Vorteil des Tratschens lässt sich auch argumentieren, wenn man nach dem Aufkommen der Sprache fragt, wobei der Autor dieser Zeilen immer noch die Lagerfeuerhypothese bevorzugt, nach der die um ein Feuer sitzenden Menschen Laute produzierten, um die Angst vor Angreifern aus der Tiefe der sie umgebenden Nacht zu vertreiben. Allmählich wurden daraus Verlautbarungen mit wachsender Bedeutung. Und schon konnte man tratschen, wie man es heute noch auf jeder Party mit Vergnügen betreibt.

Augen und Ohren

Tagsüber blinzeln die Menschen alle paar Sekunden. Der dazugehörige Lidschlag breitet den Tränenfilm aus, den die Augen brauchen, weil sie sich dauernd bewegen müssen. Die Augäpfel befinden sich permanent in Bewegung, weil mit diesen Sakkaden das Sehvermögen verbessert wird. Grundsätzlich kann man sagen, dass die Evolution die visuelle Wahrnehmung auf das Erfassen von Bewegungen angelegt hat, die in den Anfangszeiten der Menschheit Gefahren erkennen ließen und auf diese Weise Feinde meldete, die sich heranpirschten. Wer in einem Saal von einem Rednerpult auf die Zuschauer schaut, kann abgelenkt werden, wenn irgendwo an der Seite eine kleine Tür aufgeht, wie schon erwähnt wurde. Insgesamt sind die Augen nach vorne gerichtet, um besser jagen und das anvisierte Opfertier genauer in den Fokus bekommen zu können. Aber beim Schauen erfasst man auch die Peripherie der gesehenen Szene, und damit dies verlässlich gelingt, müssen die Augen sich bewegen, und dafür brauchen sie die Flüssigkeit, die sie manchmal als Tränen ausscheiden. Nachts kann das alles zur Ruhe kommen, weshalb die Einschlafenden die Augen schließen. Die Evolution hat diese Situation genutzt, um auf der Netzhaut von geschlossenen Augen das Schlafhormon Melatonin entstehen zu lassen, mit dem es ab in den Tiefschlaf gehen kann.

Übrigens – in den alten Tagen des Fernsehens und vor dem Aufkommen der HD-Bildschirme – sind Menschen häufig vor dem Gerät eingeschlafen. Das passiert heute weiterhin, wenn die Sendungen allzu langweilig werden und man sich wohlig warm fühlt, aber bei den ersten Fernsehgeräten kann man auf etwas anderes verweisen. Bekanntlich entsteht das gesehene Bild mit Hilfe von Elektronenstrahlen, die auf den Schirm treffen und dort leuchtende Flecke produzieren und hinterlassen. So schön das generierte Fernsehbild anzusehen ist, aus physikalischen Gründen bleibt es unscharf, weil die Elektronen dauernd neue Blitze generieren und die dadurch unruhigen Figuren verwaschen erscheinen lassen. Nun stört diese Unschärfe beim ersten Hinschauen nicht, aber das Gehirn unternimmt nach und nach ohne bewussten Auftrag von sich aus den Versuch zur Scharfstellung des Bildes, ohne damit Erfolg haben zu können. Während das Nervensystem sich dieser Aufgabe widmet, sinkt die Aufmerksamkeit des Fernsehenden für das Gesehene, und irgendwann tritt der Zustand ein, den man Dösen nennt und der sich bei Kindern und anderen TV-Konsumenten beobachten lässt, wenn sie zu lange auf den Bildschirm geschaut haben. Dann erschlaffen ihre Gesichtszüge, was dazu führt, dass die

Dösenden zusätzlich ihre Zunge heraushängen lassen. Ihr Gehirn nimmt nicht mehr viel bewusst auf, kümmert sich aber unbewusst weiter um die Frage, wo genau die betrachtete Szene scharf gesehen werden kann, und sucht und sucht. Da es diese Stelle nicht gibt, dösen Fernsehzuschauer allmählich weg, ihre Augen fallen zu und sie schlafen im Sessel ein.

Während die Fensterlein zur Welt zugefallen sind, bleiben die Ohren offen, auch wenn man sich manchmal wünscht, man könnte sie schließen, um störenden Lärm außen vor zu halten. Aber die Natur hat sich anders entschieden, um den Menschen ein 24/7-Warn- oder Alarmsystem mit auf den Lebensweg zu geben, mit dessen Hilfe sie auch nachts für Gefahren gewappnet sind – was im Übrigen zu einer Empfehlung für diejenigen führt, die nachts allein unterwegs sind. So schön die Musik aus den Kopfhörern sein kann, so gefährlich ist es, mit diesen von der Außenwelt abgeschotteten Ohren allein eine Stadt zu durchstreifen. Wenn man in eine gefährliche Lage gerät, bekommt man davon nichts mit, was ins Auge gehen kann, wie man sagt.

Was das Schlafen mit offenen Ohren angeht, so werden alle, die kleine Kinder haben, wissen, dass die nicht abstellbare Hörfähigkeit der Eltern dafür sorgt, dass sie empfindlich auf unregelmäßiges Atmen im Nachbarbettchen reagieren oder andere störende Geräusche aus der Krippe wahrnehmen und deshalb sofort hilfsbereit aufspringen können, auch wenn dabei manche schlaflose Nacht zu registrieren ist. Man hört nichts von den Babygeräuschen, wenn man den Nachwuchs in ein anderes Zimmer sperrt, was den Hinweis erlaubt, dass der Schlaf für die ganze Familie besser wird, wenn die Eltern gemeinsam mit dem Kind in einem Zimmer ruhen – natürlich nur bis zu einem bestimmten Alter, das aber hier nicht festgelegt werden soll.

Anders als die zur konzentrierten Jagd eingesetzten Augen

sitzen die Ohren seitlich am Kopf – und sind mit einer Ohrmuschel ausgestattet. Dieser organische Trichter dient dem Auffangen der Schallwellen, und die Distanz zwischen beiden Ohren erlaubt es, durch Vergleich der Zeitpunkte, an denen die Schallempfänger am Schädel etwas wahrnehmen, die Quelle der Geräusche oder des Sprechens ausfindig zu machen. Die Kopfgröße sorgt für einen ausreichenden Unterschied beim Eintreffen der akustischen Signale, um dem Gehirn zu erlauben, eine Positionsbestimmung vorzunehmen. Während die Ohren dies vermögen, helfen die beiden Augen ihren Trägern vor allem, die Entfernung zu dem Ziel abzuschätzen, das sie in den Blick genommen haben. Menschen sind gute Raumkatzen.

Auch Tiere verfügen über Ohrmuscheln. Anders als beim Menschen sind sie beweglich und können zum Beispiel von Katzen aufgerichtet oder seitlich angelegt werden. Im ersten Fall fühlt sich das Samtpfötchen wohl, und im zweiten signalisiert die Katze ihre Angriffsbereitschaft. Menschen können nur wenig mit ihren Ohren wackeln. Dabei sind sie auf diese Weise besser in der Lage, die Quelle eines Geräusches zu orten, was wichtig zum rechtzeitigen Erkennen von potentiellen Gefahren ist. Und dann findet sich da noch etwas, nämlich die beiden Ohrläppchen, die in meiner Jugend gerne von hilflosen Lehrern zwischen den Daumen gerieben wurden, um die aufmuckenden Knaben zu bestrafen. Dabei stieg ihre Temperatur, und diese Erwärmung macht eine der Funktionen von Ohrläppchen aus, die man nach seiner Schulzeit bald als erogene Zone zu schätzen gelernt hat und nutzen konnte. Es wird einem beim Streicheln wohlig warm, und während dies passiert, hört das Ohr besser auf die Laute der Liebe, die Menschen sich zuflüstern und über die Muscheln den Weg durch den Kopf zum Herzen finden. Sie möchten mit ihrem vergnügten Tun manchmal gar nicht aufhören, was hier vor allem deshalb geschrieben wird, um auf das «hören» in «aufhören» hinzuweisen. Warum fordert man Menschen auf, mit etwas aufzuhören, wenn man sagen will, dass sie mit etwas Schluss machen sollen? Wahrscheinlich steckt in diesem Ausdruck der Hinweis auf eine drohende Gefahr, auf die man hören sollte, um sie zu lokalisieren, und um dies zu können, muss abgebrochen werden, was einen Menschen gerade beschäftigt. Er muss in diesem Sinne aufhören, um auf Geräusche möglicher Angreifer hören – also aufhören – zu können.

Wer nicht hören will, muss fühlen

Wer nicht hören will, muss fühlen – das ist kein Sprichwort mit volkstümlichem Hintergrund, sondern ein pointierter Aphorismus des Lyrikers Emmanuel Geibel, der im 19. Jahrhundert gelebt hat. Damals gab es in der Kindererziehung noch reichlich Prügelstrafen. Wer nicht parierte, bekam nicht nur etwas auf den Hosenboden – wobei in der Literatur auch davon zu lesen ist, dass aggressive Väter zum Gürtel griffen, um ihre Brut zu schlagen –, sondern es gab auch kräftige Schläge auf die Finger, die dafür extra ausgestreckt werden mussten. Zum Glück hat man in Preußen 1848 die körperliche Züchtigung als Strafe abgeschafft; statt Prügel durfte nur noch Kerkerhaft angeordnet werden. Auch schön. Wer jetzt fragt, was den Sinn der preußischen Machthaber beeinflusst hat, um bereits mitten im 19. Jahrhundert das einzuführen, was rund einhundert Jahre später in Artikel 2 des Grundgesetzes für die Bundesrepublik Deutschland als «Recht auf Leben und körperliche Unversehrtheit» festgeschrieben wird, den kann man zwar auf eine liberale Gesinnung der Preußen hinweisen, aber es scheint eher, dass der nach ihnen benannte und militärisch stramm organisierte

Staat es sich nicht leisten konnte, aufmüpfigen Knaben die Finger zu zertrümmern, fielen sie dann doch als kampfbereite Soldaten aus. Natürlich gab es auch damals bereits besorgte Menschen, wie sie heute etwa im Deutschen Kinderschutzbund organisiert sind und die dafür gesorgt haben, dass 90 Prozent der Eltern sich vorgenommen haben, ihren Nachwuchs nicht mehr durch gezielte Schläge zurechtzubiegen. In den Schulen wurde körperliche Züchtigung noch in den Nachkriegsjahren praktiziert, wie der Autor dieser Zeilen durch viele Backpfeifen heftig zu spüren bekommen hat. Dass Züchtigungen den Kindern gar nicht guttun, hat schon der Lyriker Walther von der Vogelweide im 13. Jahrhundert angemerkt. Bei ihm kann man lesen:

> Niemals pflanzt die Rute
> Kindern ein das Gute:
> Wer zu Ehren kommen mag,
> dem gilt Wort soviel als Schlag.

Da eben von den Ohren die Rede war, fallen einem die Ohrfeigen ein, die in meiner Schulzeit in den 1950er Jahren noch an der Tagesordnung waren und in vielen Familien von den Vätern verteilt wurden. Doch heute geht das nicht mehr, denn seit dem Jahr 2000 ist das Züchtigungsrecht im häuslichen Kreis abgeschafft und das Prügeln der Nachkriegsväter ist verboten.

Menschenrechte und -pflichten

Das Recht auf Züchtigung, das es im 19. Jahrhundert noch gab, wurde im Grundgesetz durch das Recht auf Leben ersetzt. «Die Würde des Menschen ist unantastbar», so beginnt die gültige Verfassung. Jeden, der sich etwa an die Foltermethoden der Kir-

che in den Zeiten der Inquisition und die von christlich eingestellten Menschen betriebenen grauenhaften Hexenverfolgun-
gen erinnert, führt das zu der Frage, wie die Menschenrechte
entstanden sind und aus welchen Quellen sich die dazugehörigen Überzeugungen speisen. Menschenrechte und Menschen-
würde gehören zum heutigen Leben in Frieden und Gerechtig-
keit, aber wie sind sie entstanden?

Eine traditionelle Antwort in akademischen Kreisen lautet,
dass der Gedanke an Menschenrechte aus dem jüdisch-christ-
lichen Erbe stammt. Ein alternativer Vorschlag hält dieser Ansicht das philosophische Ideengut der Aufklärung entgegen, das
sich keineswegs religiös entfaltet hat. Tatsächlich öffnet sich
mit der Frage nach der Genealogie der Menschenrechte ein wei-
tes Forschungsfeld für Soziologen, Historiker, Theologen und
Vertreter weiterer Disziplinen, die erklären müssen, wie es – zumindest in einigen Teilen der Welt – zur Abschaffung der Folter
gekommen ist, die einstmals bei Verhören eingesetzt wurde, um
Geständnisse aus einem Gequälten herauszupressen. Der Vorschlag, den der Soziologe Hans Joas dazu gemacht hat, läuft
unter dem Schlagwort «Sakralität der Person». Damit ist eine
geistesgeschichtliche Entwicklung gemeint, die dem einzelnen
Menschen nach und nach das Attribut sakrosankt zusprach, ihn
als heilig ansah. Mit diesem Wort ist keine Heiligsprechung gemeint, wie sie die Kirche vornehmen kann. Als heilig wird etwas
bezeichnet, das unverfügbar ist und unangetastet bleiben soll.
Viele Ethiker sind zum Beispiel der Meinung, man müsse die
Kategorie des Heiligen einführen, um wissenschaftlichen Experimenten an Menschen eine moralische Grenze zu setzen – etwa
bei Eingriffen in das Gehirn oder bei Veränderungen des Erbguts. Wer die Menschenrechte auf die zunehmende Sakralisie-
rung zurückführen will, muss die Frage beantworten, wann Per-

sonen im Laufe der Geschichte zu heiligen Objekten geworden sind.

Historische Analysen zeigen, dass das Christentum keine rühmliche Rolle spielt und seine Theologen lange gebraucht haben, bevor sie Menschenrechte in ihre Schriften aufgenommen haben. Eigentlich war es erst der (polnische) Papst Johannes Paul II., der im späten 20. Jahrhundert den Menschenrechten Gewicht einräumte, auch wenn er dies nicht konsequent dem Klerus nahebringen konnte – wo es immer noch Vertreter gibt, die Frauen, Kinder und Sklaven nicht zu denen zählen, denen man Menschenrechte einzuräumen hat. Ungläubige können sich nur wundern, wie schwer es in Kirchenkreisen ist, die Nächstenliebe zu finden, die zur christlichen Botschaft gehört.

Die areligiös eingestellten Philosophen der Aufklärung dachten wesentlich humaner und menschenfreundlicher. Einer von ihnen mit dem Namen Samuel Pufendorf hat bereits im 17. Jahrhundert ausdrücklich auf eine Würde des Menschen («dignatio») verwiesen und sie als Teil seiner Natur betrachtet: «Der Mensch ist von höchster Würde, weil er eine Seele hat, die ausgezeichnet ist durch das Licht der Vernunft.» Zu den berühmten Aufklärern gehört Immanuel Kant, der in seinem politischen Denken die Idee eines Rechtsstaats entwickelte, dessen Bürger das große Menschenrecht der Freiheit haben, aus dem sich seiner Ansicht nach alle anderen Rechte wie Gleichheit und Selbständigkeit ableiten lassen. Zu Kants Lebzeiten, im Anschluss an die Französische Revolution von 1789, verabschiedete die Nationalversammlung in Paris eine erste Erklärung der Menschenrechte, der im 20. Jahrhundert die Allgemeine Erklärung der Menschenrechte durch die Vereinten Nationen folgte. Sie wurde von Personen formuliert, die noch unter dem Eindruck der Grausamkeiten des Zweiten Weltkriegs standen.

Was sind nach diesen Vorgaben die weitgehend akzeptierten (wenn auch immer wieder anzumahnenden) Menschenrechte? Die Erklärung beginnt mit der Feststellung des Artikels 1: «Alle Menschen sind frei und gleich an Würde und Rechten geboren», und alle Menschen meint Frauen und Kinder ebenso wie Ungläubige. Artikel 2 verbietet Diskriminierungen «etwa aufgrund rassistischer Zuschreibungen», Artikel 3 verbürgt das Recht auf Leben und Freiheit. Insgesamt kann man der Reihe nach in 30 Artikeln lesen, was Menschen zusteht – zum Beispiel die Gleichheit vor dem Gesetz, das Recht auf Asyl, auf Eigentum, auf Meinungsfreiheit, auf ein Wahlrecht, auf gleichen Lohn und das Recht auf Bildung, um ein paar Beispiele anzuführen.

Menschen, die Anspruch auf Rechte erheben, sollten im Gegenzug auch Pflichten zu übernehmen haben. Tatsächlich äußert sich die Erklärung der Allgemeinen Menschenrechte von 1948 zu diesem eher unbeliebten Thema, indem sie in Artikel 29 feststellt: «Jeder Mensch hat seine Pflichten gegenüber der Gemeinschaft, in der allein die freie und volle Entfaltung der eigenen Persönlichkeit möglich ist.» Fünfzig Jahre nach der erläuterten UN-Resolution der Menschenrechte hat sich auf Initiative einiger Staatsmänner wie Helmut Schmidt, Valéry Giscard d'Estaing und Schimon Peres ein InterAction Council die Aufgabe gestellt, eine «Allgemeine Erklärung der Menschenpflichten» vorzulegen. Sie versucht in 19 Artikeln, Richtlinien aufzustellen, mit deren Hilfe «ein Leben in Wahrhaftigkeit und Toleranz» möglich wird. Der «Gleichwertigkeit von Mann und Frau» wird ebenso ein hoher Stellenwert beigemessen wie der «Ehrfurcht vor dem Leben». Das klingt alles sehr vernünftig, wie auch die festgeschriebene Einstellung, dass jeder Einzelne «seinem Gewissen unterworfen» bleibt. Man kann die Liste der Pflichten leicht verlängern – die Pflicht, sich zu integrieren, hilfsbereit zu sein und nachhaltig mit Ressourcen und Lebensmitteln umzugehen, um Beispiele zu nennen, denen man nur beipflichten kann. Bei aller Sorge um die Zukunft des Menschen mit seinen Rechten und Pflichten und bei allem Respekt vor der Initiative – ein paar der in guter Absicht gemachten Festlegungen lenken das Leben der Menschen nach Ansicht des Autors in eine falsche Richtung voller Bequemlichkeit. Ist Bildung wirklich ein Recht? Ist auch die Gesundheit tatsächlich ein Recht, wie die WHO meint und wie es auch das World Health Forum gerne populistisch plakatiert?

Hier wird die Meinung vertreten, dass es ein Recht von Menschen auf Bildungseinrichtungen und Hospitälern gibt, in denen ihnen Lernhilfen und medizinische Versorgung geboten werden können. Aber lernen und sich bilden und gesund und fit bleiben, das müssen Menschen schon selber, und sie müssen lernen, es zu wollen, wie sie auch lernen können, ihr Leben anzunehmen. Es gibt aus guten Gründen kein Schulrecht, wohl aber eine Schulpflicht, und den Menschen in europäischen Breiten konnte nichts Besseres passieren. «Pflicht! Du erhabener großer Name», so schwärmt der preußische Aufklärer Kant in seiner *Kritik der praktischen Vernunft*, und wer über die geeigneten (geistigen und körperlichen) Voraussetzungen verfügt, sollte sich verpflichtet fühlen, davon Gebrauch zu machen. Im 19. Jahrhundert hat sich der Arzt Rudolf Virchow politisch engagiert, um den Menschen ein besseres Leben zu ermöglichen. Der Weg dazu führt seiner Ansicht nach über «die Freiheit und deren Töchter Bildung und Wohlstand». Die Gesundheit kommt dann von selbst.

Das Nachhaltige und das Nötige

Seit den Tagen von Virchow hat sich die Menge an Energie, die einem Erdenbürger für sein Leben zur Verfügung gestellt wird, viele Hundert Mal erhöht, und da es sich dabei meist um den Einsatz von Kohle und Öl gehandelt hat, gerät dabei viel CO_2 in die Atmosphäre, was den Klimawandel antreibt. Eine Frage, die sich manchen Menschen unmittelbar stellt, lautet, ob diese Zunahme an Kohlendioxid bedeutet, dass der Welt der Sauerstoff ausgeht. Der französische Präsident Emmanuel Macron macht sich deswegen Sorgen, weshalb er in einem Tweet geschrieben hat: «Der Amazonas-Regenwald brennt und damit die Lunge, die 20 Prozent des Sauerstoffs unseres Planeten liefert.»[19]

An dem Satz ist zum einen erstaunlich, wie wenig der Präsident über Lungen weiß, die alles Mögliche machen, nur keinen Sauerstoff produzieren. An dem Satz ist darüber hinaus erstaunlich, dass er völliger Unsinn ist und offenbar niemand dem Präsidenten gesagt hat, dass selbst dann, wenn alles pflanzliche Leben auf dem Planeten verbrennt, dabei weniger als ein Prozent des Sauerstoffs in der Erdatmosphäre verbraucht wird.

An Sauerstoffmangel wird die moderne Zivilisation nicht zugrunde gehen. Woran aber dann? Auf welchen Säulen ruht das gesellschaftliche Leben der Gegenwart, auf die niemand verzichten kann? Wer sich ohne wissenschaftlich-technische Scheuklappen mit politischer Aufmerksamkeit und unter wirtschaftlichen Aspekten mit sozialen Komponenten um eine Antwort bemüht, kann vier Säulen des Gebäudes ausmachen, ohne das die Zivilgesellschaft unserer Tage kein Dach über dem Kopf hätte und verloren sein würde.[20] Gemeint sind Zement, Stahl, Plastik und Ammoniak, und wer sich über dieses Quartett verwundert die Augen reibt, sollte sich klarmachen, dass er oder sie mit dieser Reaktion anzeigt, von den Abläufen des Lebens in einer modernen Gesellschaft mit ihren zivilen Einrichtungen nur wenig zu wissen.

In aller Kürze: Mit dem Ammoniak (NH3) wird der Luftstickstoff fixiert und in der Landwirtschaft einsetzbar und kann die Ernährung der Menschen sichergestellt werden. Was das Plastik angeht, so fängt ein heutiges Leben im Kreißsaal mit diesem Stoff nicht nur an, es endet auf einer Intensivstation auch oft mit dem durchsichtigen Material, das in den aktuellen Medien vor allem mit der Nachsilbe «-müll» Aufmerksamkeit findet. Und während Menschen leben, sind sie etwa in ihren Automobilen unentwegt von Stahl umgeben, womit Eisenlegierungen gemeint sind, und seit 2007 lebt der größte Teil der Erdbevölkerung in Städten, die aus Zement und Beton gebaut sind. Seit China den großen Marsch in die Hungernot aufgegeben hat und sich an der westlichen Lebensqualität orientiert, also seit den 1990er Jahren, hat das Reich der Mitte seine Stahlproduktion um das Fünfzehnfache erhöht, die Zementherstellung um den Faktor 10 gesteigert, die Menge von produziertem Ammoniak verdoppelt und die Synthese von Plastikprodukten um das Dreißigfache angehoben. Um diese weiter wachsenden Mengen des unentbehrlichen Quartetts der Zivilisation – also Stahl, Plastik, Ammoniak und Zement – herzustellen, muss die Weltgemeinschaft weiter fossile Brennstoffe einsetzen. Die Zukunft hängt davon ab. Und weder eine App noch die künstliche Intelligenz können daran etwas ändern.

Das große Warum

Bleibt zu fragen, warum Menschen dauernd «Warum?» fragen, wie auch Erich Kästner in seinem Gedicht «Wieso Warum?» erkunden wollte. Die vermutlich am häufigsten zu hörende Frage will wissen: «Warum ist die Banane krumm?», und wie es sich gehört, kann man zwei Antworten geben. Die botanische lautet, dass eine Banane seitlich aus ihrer Staude herauswachsen muss und sich dabei nach oben zum Licht hin krümmt. Die komische lautet, dass eine Banane sich dem menschlichen Mund entgegenneigt, um bequem verspeist werden zu können. Einmal geht es um einen (evolutionären, biochemischen) Mechanismus, und dann versucht man noch den nützlichen Zweck zu verstehen. Fragen mit einem Warum scheinen sich bevorzugt nach solch einem Sinn zu erkunden, etwa wenn sich jemand wundert: «Warum bin ich auf der Welt?», oder fragt: «Warum weiß ich nicht, wo ich nach dem Ende meines Lebens hingehe oder sein werde?» In dieser Neugierde zeigt sich allgemein das, was Aristoteles als Natur der Menschen beschrieben hat, nämlich nach Wissen zu streben. Und es lässt sich argumentieren, dass es schön ist, wenn dieser Wunsch nie an ein Ende kommen und man immer weiter fragen kann, wie es in diesem Buch vielfach vorgeführt wird.

Warum fragen Menschen nach dem «Warum»? Weil es ihnen von Grund auf gefällt. Und warum sind sie auf der Welt? Um ihre Schönheit wahrnehmen und sich darüber freuen zu können. Und warum wissen sie nicht, wohin sie gehen? Weil den Tod damit etwas Geheimnisvolles umgibt, was Menschen bei allem Schrecken ein schönes Gefühl vermitteln kann. Wenn Matthias Claudius in einem Gedicht den «Tod und das Mädchen» zusammenführt, nennt sie ihn «Lieber», während er ihr anbietet, sanft in seinen Armen zu schlafen. Warum sollte man dieses Angebot ablehnen? Man kann sich auf jeden Fall auf ein Erwachen freuen, auch wenn offenbleibt, wann und wo das sein kann. Damit bekommt die Nacht die Eigenschaft der Offenheit, wie es das Licht am Tage bewirkt. Gut zu wissen.

4

Rätselhaftes aus der Wissenschaft

Zu den auffallenden Eigenschaften von Wissenschaft gehört die täglich gemachte Erfahrung, dass nach jeder Antwort neue Fragen auftauchen, und zwar immer mehr, je weiter das Erforschen vorankommt. Was ist da los? Warum ist das so? Kann die Philosophie das erklären? Wer sich jetzt überlegt, dass der gesunde Menschenverstand etwas ganz anderes erwartet, nämlich dass Wissenschaft die Rätsel oder Geheimnisse der Welt lösen und klären kann, der oder die darf sich sagen lassen, dass sich wissenschaftliche Einsichten genau dadurch auszeichnen, dass sie dem Common Sense widersprechen. Warum ist das so? Und wie kann man das Versagen der Intuition und des Hausverstands beim Finden der Wahrheit am besten demonstrieren?

Natürlich finden sich auch ohne die Betonung von tiefer werdenden Geheimnissen viele ungelöste Probleme, an denen die heutige Wissenschaft sich abarbeitet, ohne die neuen Fragen zu fürchten, die sich so sicher wie das Amen in der Kirche einstellen. Dazu ein paar Beispiele: Wie viele Gene hat ein Mensch? Und warum hat ein Fadenwurm ebenso viele – oder sollte man sagen, so wenige? Warum schlafen Menschen? Gehören Träume dazu? Warum altern Menschen und warum gibt es ein Ende des Lebens? Warum kommen Kinder am Anfang des Lebens als hilflose Wesen zur Welt? Und was befähigt sie, ein paar Jahre später Geschichten zu erfinden und Fahrrad

zu fahren? Wie entwickelt sich das Bewusstsein von Menschen? Und
können Maschinen darüber verfügen? Was unterscheidet künstliche
Intelligenz von der natürlichen Vorgabe?

Außerdem ist die Idee der Evolution stets für Fragen gut. Warum
begnügt sie sich mit zwei Geschlechtern? Und wie und warum unter-
bindet sie Inzest? Wie ist es ihr gelungen, Menschen den aufrechten
Gang zu verpassen? Und worin besteht der Vorteil dieser Art der
Fortbewegung? Wie sieht die natürliche Arbeitsteilung von Mann
und Frau aus und was macht beide Geschlechter von Natur aus ver-
schieden? Wie ist Sozialverhalten entstanden? Gibt es Grenzen der
menschlichen Fähigkeit, etwas zu lernen?

Vom freien Fall

Warum fallen Dinge überhaupt nach unten? Das wollte schon
der große Aristoteles wissen, der, wie wir bereits gesehen haben,
nicht nach einer kausalen Erklärung suchte und sich vielmehr
mit dem Gedanken beruhigte, dass die Gegenstände zu Boden
fallen, weil dort der Platz ist, an den sie gehören und zu dem
sie wollen, so wie Menschen in ein Bett fallen, wenn sie müde
sind und die Schlafenszeit gekommen ist. Der antike Philosoph dachte darüber hinaus, dass das Gewicht der Körper ihre
Fallgeschwindigkeit beeinflusst – je schwerer, desto schneller,
wie er mehr oder weniger intuitiv annahm, wobei es nicht lange
dauerte, bis dieser Ansicht widersprochen wurde, und zwar bereits vor Christi Geburt. Es war der römische Dichter Lukrez,
der als Erster darauf hinwies, dass beim Fallen in der realen Welt
die Luft eine Rolle spielt, und sie findet bei schaukelnden Fe-
dern mehr Angriffsfläche als bei purzelnden Steinchen. Doch
der Irrtum des Griechen hielt sich hartnäckig, was die Frage
erlaubt: Warum erweisen sich Dummheiten oft als langlebiger

als richtige Einsichten? Selbst Galileo Galilei war als junger Mann vor 1600 noch der Ansicht, «wenn man eine Kugel von Blei und eine von Holz von einem hohen Turm fallen lässt, bewegt sich das Blei weit voraus», was aber falsch ist, wie man sieht, wenn man es ausprobiert. Ein paar Jahrzehnte (!) später konstatierte der reifere Galilei nach reiflicher Überlegung, «dass alle Stoffe mit derselben Geschwindigkeit fallen», was tatsächlich zutrifft, aber sowohl den Mann aus Florenz als auch viele andere Menschen in Erklärungsnot stürzt. Warum fallen eine schwere Eisenkugel und eine leichte Daunenfeder im Vakuum gleich schnell? Und warum ist das so schwer zu verstehen?

Menschen verfügen über einen Common Sense und damit über intuitive Möglichkeiten, Verhaltensweisen von physikalischen Objekten auf direkte Weise zu verstehen. Mit diesem Verfahren kommen sie im Leben gut zurecht, zum Beispiel, wenn sie abschätzen sollen, wie groß ihre Geschwindigkeit ist, wenn sie in einem Zug zur Toilette gehen. Wenn sich ein ICE mit 200 km/h einem Ziel nähert und man selbst mit 5 km/h in Fahrtrichtung dem WC zustrebt, ist man insgesamt mit 205 km/h unterwegs – und auf dem Weg zurück zum Platz mit 195 km/h –, wie man durch konkrete Operationen im Kopf leicht berechnen kann. Das stimmt – wenigstens ungefähr – in der Eisenbahn und bei alltäglichen Geschwindigkeiten. Doch das stimmt überhaupt nicht mehr, wenn das Licht mit seinen 300 000 km/sec (!) ins Spiel kommt, was ungefähr 109 km/h ergibt, also eine Milliarde Kilometer pro Stunde. Wenn ein Fahrgast in einem ICE bei seinem Gang zur Toilette eine Lampe einschaltet, saust das Licht mit derselben unvorstellbaren Geschwindigkeit durch den Gang, die es in einem stehenden Zug oder auf dem Bahnhof haben würde. Das leuchtet einem nicht unmittelbar ein. Es ist antiintuitiv,[21] aber trotzdem richtig, und ausgefeilte physikalische Experimente bestätigen diesen Sachverhalt einer konstanten Lichtgeschwindigkeit, auf den Albert Einstein im Rahmen seiner Speziellen Relativitätstheorie gestoßen ist. Er wollte die Bewegung von materiellen Partikeln und immateriellem Licht widerspruchsfrei beschreiben können,[22] und das ging nur, wenn dessen Geschwindigkeit erstens konstant ist und zweitens eine obere Grenze darstellt.

Als Folge dieser Feststellung musste Einstein zulassen, dass die für eine bewegte Beobachterin vergehende Zeit verschieden ist von der, die für einen ruhenden Beobachter abläuft. Der große Physiker Werner Heisenberg hat das mit dem Satz kommentiert, er könne einen solchen Befund nur mit seinem mathematisch talentierten Kopf, aber nicht mit seinem Herzen verstehen. Der gesunde Menschenverstand kommt bei diesen Größenordnungen nicht mehr mit. Allgemein lässt sich sagen, dass sich der Common Sense an dem orientiert, was man sinnlich im Normalfall zu fassen bekommt. Die Lichtgeschwindigkeit gehört ebenso wenig dazu wie die Kraft, die Körper dazu bringt, gleich schnell zur Erde zu fallen.

Im Alltag zu Hause fallen Blätter offenbar langsamer als Löffel zu Boden, und so schließt der Hausverstand, was bei Aristoteles zu lesen ist, auch wenn es nicht zutrifft. Als sich Galilei überlegte, was passiert, wenn man zwei Kugeln verbindet, konnte er keinen Grund finden, warum sie zusammen schneller fallen würden. Woher sollte die für solch eine Beschleunigung nötige zusätzliche Kraft kommen? Es gibt in diesem Fall nur die eine Kraft, die heute Schwerkraft heißt. Dieses Gedankenexperiment befreite Galilei von der Notwendigkeit, auf den schiefen Turm von Pisa zu steigen, um das Fallgesetz richtig hinzubekommen – auch wenn das eine schöne Geschichte ist und man sich durch die Tatsache, dass sie sich nicht ereignet hat, nicht davon abbringen lassen muss, sie zu erzählen.

Die erste kausale Erklärung des freien Falls stammt von Isaac Newton, der im 17. Jahrhundert die Idee der Gravitation hatte, aber sofort sah, dass mit dieser einen Antwort viele neue Fragen auftauchen. Was genau ist diese Schwerkraft? Wie bewegt sie sich durch den Raum, und wie kommt sie von der Erdoberfläche ausgehend zu dem Apfel, der sich von einem Zweig löst und zu Boden fällt? Wie kann überhaupt eine Masse – die der Erde – zu einer Kraft werden?

Vorschläge für Antworten auf diese Fragen tauchten erst im 19. Jahrhundert auf, als die Physiker begannen, etwas Sichtbares wie das Fallen durch etwas Unsichtbares zu erklären. Die Wissenschaft füllte den Raum mit Feldern an; seitdem befinden sich alle Menschen auf der Erde in ihrem Gravitationsfeld. Das stimmt zwar, wirft aber seinerseits viele neue Fragen auf: Wie kommt denn solch ein Feld zustande? Und wie genau übt es seine Wirkung aus? Wie tritt mein Körper zum Beispiel in Kontakt mit diesem Spannungszustand im Raum? Und kann man dem Zugriff der Schwere entkommen?

Darüber ließe sich eine lange Geschichte erzählen, die wir hier abgekürzt haben, indem wir gleich an ihrem Anfang an das derzeitige Ende gesprungen wird, an dem es Einstein zu seiner und zur allgemeinen Verwunderung fertigbringt, ein Schwerefeld auf die Geometrie der Raumzeit zurückzuführen. Einstein legte in den Jahren des Ersten Weltkriegs dar, dass kosmische Massen wie die Erde oder die Sonne nicht einfach in der Raumzeit herumlungern. Sie machen sich vielmehr in ihr bemerkbar und beeinflussen ihre Geometrie. Konkret ist damit gemeint, dass Materie die Raumzeit so krümmt, wie es zum Beispiel mit einem Dreieck auf einer Kugeloberfläche passiert. Mit diesem

Verbiegen kann die moderne Physik exakt das Fallen von schweren und leichten Gegenständen berechnen. Aber auch mit dieser Antwort hat – was sonst? – nur die Zahl der Fragen zugenommen, und das Geheimnis der Gravitation ist sehr viel tiefer geworden. Die Schwerkraft bleibt das Rätsel, das sie immer war, nur steckt es jetzt tief im Kosmos selbst, in seiner Geometrie, von der die Bewegung abhängt.

Lässt die Wissenschaft die alltägliche Welt hinter sich zurück und dringt in Sphären vor, die nur mathematisch zu fassen sind, dann hat der gesunde Menschenverstand so seine Mühe. Das gilt vor allem dann, wenn man sich dem Unendlichen nähert. Dann scheitern viele Menschen an der Frage, wie viele Primzahlen es gibt. Die Folge der natürlichen Zahlen 1, 2, 3, 4, ... usw. kann man ohne Probleme endlos fortsetzen. Aber wie sieht es mit den Primzahlen aus, die dadurch definiert sind, dass es keinen Teiler für sie gibt? 15 ist keine Primzahl, da sie durch 3 und 5 teilbar ist, aber 17 und 19 sind Primzahlen, weil es keinen Weg gibt, sie durch Division zu zerlegen. Schon früh in der Geschichte der Mathematik tauchte die Frage auf, wie viele Primzahlen es gibt. Denn je größer die Zahlen (Dividenden) werden, desto mehr wächst das Angebot an Divisoren, und irgendwann sollte es doch ausreichen, um eine größte Primzahl entstehen zu lassen, von der ab jede weitere Zahl teilbar ist. So denkt der gesunde Menschenverstand, und schon wieder sieht er dumm aus und liegt falsch. Bereits Euklid konnte im antiken Griechenland beweisen (!), dass es genauso viele Primzahlen wie natürliche Zahlen gibt, nämlich unendlich viele. Wer jetzt an seinem Verstand zweifelt – die Folge 1, 2, 3, 4, 5, 6, 7, 8, ... muss doch insgesamt sehr viel mehr Glieder enthalten als das Äquivalent mit den Primzahlen 1, 2, 3, 5, 7, 11, 13, 17, ... –, bekommt vielleicht Lust, sich an einer umfassenden «Kritik des gesunden Menschenverstandes» zu versuchen. Der Common Sense führt diejenigen, die nur von ihm Gebrauch machen, leicht in die Irre, wie auch der Sachverhalt zu erkennen gibt, dass Wissenschaft Geheimnisse nicht aufdeckt oder klärt, sondern im Gegenteil das Mysteriöse der Dinge vertieft.

Unbeweisbares und Unentscheidbares

Warum kann die Wissenschaft die Fackel der Vernunft nicht einfach anzünden und durch die Welt tragen, um mit ihrem Licht alle Ecken auszuleuchten und die Dunkelheit zu vertreiben, was bereits Konfuzius vorgeschlagen hat und was die Philosophen der Aufklärung umfassend unternehmen wollten? Sie meinten, man müsse bloß vernünftige Antworten auf vernünftige Fragen geben, und schon wüsste man Bescheid. Doch so einfach geht es nicht. Als Einstein zu Beginn des 20. Jahrhunderts über die vernünftige Frage «Was ist Licht?» nachgrübelte, konnte er sie nur unvernünftig oder mit Widersprüchen beantworten. Licht kann nämlich sowohl als Welle als auch als Teilchen in Erscheinung treten, was positiv gewendet bedeutet, dass Licht ein Geheimnis bleibt. Der gesunde Menschenverstand kommt hier an sein Ende, wobei man sich klarmachen sollte, dass ihm bereits verschlossen bleibt, wie Licht sich als elektromagnetische Welle bewegen soll. Wie soll denn ein elektrisches Feld ein magnetisches und umgekehrt ein magnetisches ein elektrisches zustande bringen? Wie kann das Hin-und-Her immer so weitergehen im Wechselspiel, und wie entstehen dabei die Richtung eines Lichtstrahls und seine Geschwindigkeit? Das Spiel der Felder lässt sich mit dem Kopf berechnen, aber kaum mit dem Herzen verstehen, um Heisenbergs Unterscheidung erneut aufzugreifen. Zudem wäre da noch die Frage, wie man sich einen Lichtstrahl als Strom aus masselosen Teilchen genau vorstellen kann. Einstein hat über dieses Thema fünfzig Jahre lang nachgegrübelt, ohne eine zufriedenstellende Deutung gefunden zu haben. Vielleicht sollten Menschen vorsichtiger mit ihren Vorschlägen werden, wenn sie Fragen wie den folgenden gegenüberstehen: Was ist ein Elektron? Was ist ein Atom? Was ein Feld? Was ist Energie? Vielleicht gibt es darauf gar keine Antworten, sondern nur das Angebot zum Dialog und Gedankenaustausch, das sich anzunehmen sicher lohnt, auch wenn Sozialwissenschaftler an dieser Stelle gerne abwinken, weil sie in ihrer Disziplin nichts Berechenbares finden, über das sich zu streiten lohnt.

Es kommt nicht nur in der Physik, sondern selbst in der Mathematik vor, dass manche Fragen nicht so beantwortet werden können, wie es sich die Aufklärer vorgestellt und erwartet haben. Zu den bleibenden Schwierigkeiten gehört die Frage, ob sich Formen von Unendlichkeit unterscheiden lassen, zum Beispiel die oben angesprochenen Unendlichkeiten der natürlichen Zahlen und der Primzahlen. Um hier Klarheit zu gewinnen, haben Mathematiker das Konzept der Menge eingeführt, bei der sie jeweils angeben, wie viele Elemente solche Gedankenkonstruktionen enthalten. Hier geht es um Zahlenmengen, und dann sagt man mit anschaulichen und unmittelbar einleuchtenden Worten, dass die Menge der natürlichen Zahlen «abzählbar unendlich» ist. Man kann jedes Element zählen, von 1 über 2 und 3 und so weiter bis ∞. Wenn man jetzt fragt, wie viele Zahlen es überhaupt gibt – also neben den natürlichen noch die rationalen und die irrationalen –, sollte eine größere Menge zustande kommen. Die Mathematiker sprechen mit einem anschaulichen Wort von einer «überabzählbaren» Menge, was hier angeführt wird, weil der Mathematiker Georg Cantor im 19. Jahrhundert wissen wollte, ob es noch dazwischenliegende Mengen mit ebenfalls unendlich vielen Zahlen gibt. Cantor meinte «Ja!», und er vermutete sogar, dass es eine ganze Reihe von Unendlichkeiten gibt, die möglicherweise sogar ein Kontinuum bilden.

Selbst wenn der Common Sense bis hierher noch folgen konnte, wird der nächste Schritt für ihn eine ungewöhnliche Überraschung sein. Wie sich im 20. Jahrhundert nämlich herausstellte, kann man die Frage, ob es zwischen der abzählbaren und der überabzählbaren Unendlichkeit noch weitere Formen des Infiniten gibt, nicht klären. Sie bleibt unentscheidbar. Man kann weder beweisen, dass es Zwischengrößen gibt, noch lässt sich zeigen, dass es sie nicht gibt. Wer professionell Mathematik treibt, kann oder muss sich sogar für die eine oder andere Sicht der Dinge entscheiden. Grundsätzlich ist die Unbeweisbarkeit seit den 1930er Jahren bekannt, als der Logiker Kurt Gödel allgemein zeigen konnte, dass es wahre Sätze gibt, die sich nicht beweisen lassen. Nicht zu glauben! Genauer vermochte Gödel zu zeigen, dass es in logisch aufgebauten Systemen unbeweisbare Sätze gibt, die nicht aus den vorgegebenen Axiomen ableitbar sind, auch wenn sie allem Anschein nach zutreffen – jedenfalls nach Ansicht des gesunden Menschenverstandes.

Als Gödel seinen berühmten Satz präsentierte, widerlegte er zum einen das Diktum des Philosophen Ludwig Wittgenstein, der in seinem *Tractatus logico-philosophicus* keck geschrieben hatte, es könne in der Logik keine Überraschungen geben – hat der eine Ahnung! Und zum Zweiten zerstörte Gödel die Hoffnung des Mathematikers David Hilbert, der im Jahre 1900 die letzten noch ungelösten Probleme seiner Disziplin aufgeführt und prognostiziert hat, dass sie im kommenden Jahrhundert gelöst sein würden. Nicht unbedingt und nicht alle, konnte Gödel ihm erwidern, was Hilbert verzweifeln ließ. Ihn wurmte schon, dass sich eines der von ihm angesprochenen Jahrhundertprobleme dem beweisenden Zugriff zu seinen Lebzeiten entzog. Wie würde Hilbert erst staunen, wenn man ihm sagen könnte, dass seine Kollegen sich bis heute die Zähne daran ausbeißen. Es geht um eine Vermutung des Mathematikers Bernard Riemann, der sich 1859 Gedanken «Über die Anzahl der Primzahlen unterhalb einer gegebenen Größe» machte und dabei nach ihrer Verteilung auf dem Zahlenstrahl fragte. Riemann konstruierte zu diesem Zweck eine komplexe Funktion, die er Zeta nannte, und rechnete aus, an welchen Stellen sie den Wert null annimmt. Dabei fiel ihm auf, dass die von ihm erfassbaren Nullstellen eine Linie bildeten. Die berühmte Riemann-Hypothese kam zustande, als er die Vermutung aussprach, dass alle Nullstellen der Zeta-Funktion auf dieser Linie liegen. Inzwischen hat man mit Hilfe von Computern viele Billionen von ihnen berechnet, und sie reihen sich tatsächlich alle brav auf der Linie ein. Aber auch viele Billionen sind nicht viel im Vergleich zur Unendlichkeit, und so wartet die Welt weiter auf einen Beweis, der dem- oder derjenigen, die oder der ihn erbringt, um eine Million Dollar reicher machen würde, was andeutet, wie wichtig den Mathematikern die Riemann-Hypothese ist. An ihrer Stimmigkeit hängen viele weitere Beweise, die auch im praktischen Leben mit all seinen Verschlüsselungen eine Rolle spielen.

Als Hilbert noch lebte, kam in Deutschland als eine Art Gesellschaftsspiel die Idee auf, Menschen zu fragen, wann sie wieder aufgetaut werden wollten, falls man sie nach ihrem Tod einfrieren könnte. Hilbert zögerte keine Sekunde, man solle ihn ins Leben zurückholen, «wenn die Riemann-Hypothese bewiesen ist», wobei seine Antwort vor allem zeigt, wie herausfordernd es für Mathematiker ist, die Verteilung der Primzahlen unter den natürlichen Zahlen zu verstehen. Wer fragt: «Wieso spielen Primzahlen solch eine große Rolle?», der wird zu hören bekommen, dass sie unersetzbar sind, ganz für sich allein stehen und in der Praxis zum Beispiel benutzt werden können, um Kreditkartennummern zu verschlüsseln. Außerdem steckt in ihnen die Herausforderung, von einer Primzahl ausgehend die nächste vorherzusagen. Wieso kommt nach 881 als nächste schon 883, aber nach 991 muss man erst bis 997 gehen, um eine weitere Primzahl zu treffen? Was steckt dahinter? Es besteht die Hoffnung, dies mit Riemanns Zeta-Funktion verstehen zu können, um allgemein dem Geheimnis der Zahlen auf die Spur zu kommen, an denen noch etwas anderes fasziniert: Auf der Linie, die die erwähnten Nullstellen von Riemanns Funktion bilden, sind die einzelnen Punkte nicht gleichmäßig verteilt. Ihre Positionen zeigen ein Muster, das erstaunlich gut mit den Verteilungen übereinstimmt, die Atome erkennen lassen, wenn sie Licht aussenden und man die dazugehörigen Frequenzen aufträgt. Man könnte meinen, es gibt einen Takt, der tief im Innersten der Welt getrommelt wird und bis zu den Primzahlen in den Köpfen der Menschen reicht, um auf diese Weise die beiden Welten zu verbinden, die der französische Philosoph René Descartes als «res extensa» und «res cogitans», also als Ausgedehntes und Ausgedachtes, getrennt hat. Vielleicht lässt sich aus der dualen Welt die eine formen, von der Menschen träumen, und die Riemann-Hypothese öffnet die Tür zu ihrer Vereinigung. Man kann nur staunen und das Geheimnis auf sich wirken lassen.

Aktuelle Rätsel und Ratlosigkeit

Aus den Höhen der Geschichte in die Niederungen des Alltags. Wer die Zeitung aufschlägt oder Nachrichten über andere Medien aufnimmt, kann sich vor offenen Fragen nicht retten. Im

Herbst 2021 leidet die Welt unter der Corona-Pandemie, und so wundervoll die ungemein rasche Bereitstellung eines wirksamen und verträglichen Impfstoffes ist, so viele Fragen wirft seine Anwendung auf.

Darunter findet sich auch die Frage, warum so viele Menschen der Wissenschaft misstrauen und lieber Verschwörungstheoretikern glauben. Die Antwort darauf hat bereits 1970 (!) der Suhrkamp Verlag geliefert, als er eine (leider bald eingestellte) Reihe «suhrkamp wissen» mit den Worten ankündigte: «Schon heute [1970] steht die Mehrheit der Menschen den Problemen der Naturwissenschaft ... verständnislos, ratlos gegenüber. Man spricht von einer Bildungskatastrophe.» Das Trauerspiel besteht darin, dass sich daran nichts, gar nichts, überhaupt gar nichts geändert hat, wie aus einer Einladung der Abteilung für «Bildung und Wissenschaft» der Friedrich-Ebert-Stiftung ersichtlich wird, in der es im Oktober 2021 heißt, dass «Wissenschaft für viele ein unbekanntes Terrain» ist, und die meisten Menschen «wissen wenig darüber, wie sie funktioniert.»

Wohlgemerkt: So etwas schreiben Menschen, die für Bildung zuständig sind, und sie tun dies ein halbes Jahrhundert, nachdem der Öffentlichkeit attestiert wurde, bei Themen der Wissenschaft verständnislos, ratlos und dann auch hilflos zu sein. Es ist schlimmer geworden, wie die öffentliche Debatte um die Pandemie und das Gestammel der Querdenker zeigen, was einen an die verzweifelte Frage denken lässt, die auf Friedrich Schiller (in *Die Jungfrau von Orleans*) zurückgeht und wissen will: «Warum kämpfen selbst Götter vergeblich mit der Dummheit?» Warum siegt stets der Unsinn, obwohl so viele Menschen doch den Sinn des Lebens suchen?

Die Bildungskatastrophe zeigt sich noch deutlicher, wenn es vom Körperinneren mit persönlicher Ratlosigkeit in die Außenwelt mit globaler Ahnungslosigkeit geht. Die überlebenswichtige Frage, wie man den Klimawandel aufhalten und was die Wissenschaft dazu beitragen kann, lässt sich ebenso wenig schlüssig beantworten wie die Frage, mit welchen Formen der Energie die Zukunft der Menschheit am besten zu bewältigen ist. Bei der derzeitigen Debatte zu diesem Thema übergeht man in der Öffentlichkeit gerne das ungelöste Problem der Energiespeicherung. Wenn man Solarstrom haben will, sollte es gelingen, die Kraft der Sonne am Tage für die Nacht zu speichern. Aber wie kann das vor sich gehen und umgesetzt werden? Wie kann man die Windkraft für windstille Perioden sammeln und einsatzbereit halten?

Das Wesentliche von Energie besteht darin, sich dauernd zu wandeln, etwa von elektrischer Energie in chemische oder von organischer in kinetische Energie. Speicher müssen solche Umwandlungen ermöglichen, um die gewünschte Form zu bekommen, was aber stets Verluste mit sich bringt. Zum Glück ist Energie nicht nur ungeheuer wandlungsfähig, sondern bleibt bei allen Transformationen insgesamt konstant und erhalten, was den Ingenieuren und ihren Unternehmen zahlreiche Ansätze bietet. In diesen Kreisen arbeiten Menschen nicht nur an immer besseren Energiespeichern, sondern sie denken auch über Möglichkeiten nach, die Atomkraft zu nutzen und sogar von der Sonne zu lernen und einen Fusionsreaktor zu bauen. Im Jahr 1976 hat das amerikanische Energieministerium eine Studie vorgelegt, in der die Frage beantwortet wurde, ab wann die Menschheit ihre Energie durch Fusionen bekommen kann, wie sie im Inneren der Sonne ablaufen. Der Zeitpunkt, so meinten die Regierungsbeamten, hänge vor allem vom bereitgestellten Geld ab, und sie prognostizierten, dass bei einem Einsatz von knapp 10 Milliarden US-Dollar pro Jahr der erste Fusionsreaktor spätestens 1990 ans Netz gehen würde. Inzwischen hört man aus Forscherkreisen, dass es zu viele hartnäckige Probleme gebe, um die Fusion rasch in Gang zu setzen. Hinter jeder Hürde, die sie übersprungen hatten, tauchten neue Hindernisse auf. Man kann das auch das «Erhaltungsgesetz für Schwierigkeiten» nennen.

Leider wollen die Medien von solchen Schwierigkeiten nichts wissen, und so verkaufen sie Wissenschaft stets unterhaltsam und immer als etwas, das schlichte Klarheit schaffen kann. Im Herbst 2021 beschäftigte das Land die Frage, wie es zu der verheerenden Sturzflut im Ahrtal kommen konnte, bei der mehr als 100 Menschen ihr Leben verloren haben und zahlreiche Häuser zerstört wurden. Die Katastrophe ausgelöst hatte eine extreme Wetterlage, über deren Herkunft Meteorologen und Klimaforscher immer noch rätseln. Doch während sie damit beschäftigt sind, verkünden Fernsehmoderatoren – im ZDF –, sie wüssten Bescheid. Mit den üblichen flackernden (trotz aller Farbenpracht aber nichtssagenden) Bildern führen sie dem glotzenden Volk den Jetstream vor, der als sogenanntes Starkwindband in der untersten Schicht der Atmosphäre (der Troposphäre) schon länger die Aufmerksamkeit der Wissenschaft findet. In ihren Kreisen wird befürchtet, dass die wärmer werdende Luft aus der Arktis diesem Strom Kraft entzieht (wie auch immer das bewerkstelligt wird). Diese Abschwächung könnte dafür sorgen, dass auf der Erde Tiefdruckgebiete häufiger werden, die sich zu Unwettern auswachsen können, wie es im Ahrtal geschehen ist. Klimaforscher gehen der keineswegs trivialen Hypothese nach, dass ein schwächelnder atmosphärischer Höhenwind für das irdische Hochwasser gesorgt hat, wobei der Nachweis der Richtigkeit ihrer Überlegungen noch viel Arbeit erfordert, was die Medien einfach ignorieren. Sie verwandeln eine Vermutung in vermeintliches Wissen, und wer fragt, warum die Moderatoren nicht selbst an ihren vorgegaukelten Kenntnissen zweifeln und ihre zusammengeklaubten Fakten kaum auf die Reihe kriegen, muss die Antwort erdulden: «Weil sie zu dumm dazu sind!» Dies zeigt sich auch an dem Dauergrinsen, mit dem sie in die Kamera schauen und ihre Verlegenheit überspielen, wie es – wie in diesem Buch erläutert – alle Menschen tun, die sich in die Enge getrieben fühlen.

Warum wird der Jetstream in Kreisen der Forschung kontrovers diskutiert? Zum einen, weil die atmosphärische Dynamik komplex abläuft, und zum Zweiten, weil vernünftige Zweifel zum Kernelement jeder Fachdebatte gehören. Die Wissenschaft hat verstanden, warum höhere Konzentrationen von Treibhausgasen den Planeten aufheizen – weil die Atmosphäre zwar die kurzwellige Strahlung von der Sonne durchlässt, aber die von der Erde reflektierte langwellige Strahlung mit ihrer Wärme festhält (wobei man jetzt natürlich gerne Genaueres über die Wechselwirkung der Atmosphäre mit den Strahlen erfahren will und sich fragt, warum das Ganze so sein muss). Aber ihr Verständnis kann weniger gut vorhersagen, wie sich höhere Temperaturen auf Luft- und Meeresströmungen auswirken, die das Wetter in mittleren Breiten prägen. Warum unterschlagen die Reporter in den Medien diese Unsicherheiten? Hält man das Publikum für so dumm, wie es ist, oder sogar für dümmer? Möchte man die Familien vor den Apparaten in unmündige Konsumenten verwandeln, denen man dann die in grellen Werbespots präsentierten Artikel unterschieben oder durch banale Unterhaltungen Lebenszeit stehlen kann?

Was den Klimawandel angeht, so vermitteln die Medien den Menschen auch ein unzureichendes Bild von den Mooren, die vielfach in Filmen oder Romanen mit Verbrechen und Leichen in Verbindung gebracht werden und vielen Leuten unheimlich vorkommen. Während sich die Politik mit dem Kohleausstieg als Rettung der Klimaziele beschäftigt und sich auf einen Stopp der Abholzung des Regenwalds im fernen Amazonasdelta konzentriert, versucht die Wissenschaft zu erläutern, dass dann, wenn man mit dem Trockenlegen von Mooren vor der eigenen Haustüre aufhört und man stattdessen mit ihrer Befeuchtung oder einem Wiedervernässen beginnt, deutlich größere Chancen bestehen, das im Pariser Abkommen festgelegte 1,5-Grad-Ziel der Erwärmung zu erreichen, als wenn man weitermacht wie bisher.

Übrigens: Warum hat man Moore bislang ausgetrocknet? Zum einen, weil Landwirte trockenen Boden besser mit Maschinen beackern können, und zum Zweiten, weil sie mit einfachen Rohrsystemen zum Ziel kommen und entwässerte Moore profitabel sind. Aus ihnen entweichen aber jede Menge klimaschädlicher Gase. Doch wie soll es zu einem Umdenken bei dem Umgang mit Mooren kommen, wenn niemand weiß, dass die Emissionen aus trockenen Mooren zum Treibhauseffekt so stark beitragen, wie es der gesamte CO_2-Ausstoß der Industrieprozesse macht? Immerhin hat man seit 2012 die eher im Stillen stattfindende Moorwiedervernässung auf die internationale Agenda gesetzt.

Eine Weltklimakonferenz

Auf dem UN-Klimagipfel im schottischen Glasgow haben die beteiligten Staaten das Bekenntnis erneuert, das bereits 2015 in Paris genannte Ziel weiter zu verfolgen, die Erwärmung der Erde auf 1,5 Grad zu beschränken.[23] Die naheliegenden Fragen «Kann das überhaupt noch klappen?» und «Welche Bedeutung hat dies für die Zukunft der Menschheit?» bleiben schwer zu be-antworten, wenn man das, was man sich 2015 vorgenommen hat, im Einzelnen mit dem abgleicht, was bis 2021 erreicht wor-den ist. Beim gegenwärtigen Stand der zunehmenden Kohlen-dioxidemissionen rechnen einige Experten vom Weltklimarat ICCP mit einer Erwärmung von mindestens drei Grad bis zum Ende des Jahrhunderts. Sie sagen für diesen Fall voraus, dass sich bei «business as usual» in einem halben Jahrhundert in Erd-regionen «Feuchtkugeltemperaturen» entwickeln können, unter denen vor allem Menschen in den Tropen zu leiden haben. Tem-peraturen von bis zu 50 °C im Freien kann niemand lange aus-halten, so dass man sich in Räume flüchten muss, die mit Ge-räten gekühlt werden, die den deutschen Namen «Klimaanlage» tragen. Leider gibt es keine Klimaanlage für die gesamte Erde, und so sind mehr Dürren zu erwarten, die Meeresspiegel stei-gen weiter an und es entwickelt sich alles weiter in die falsche Richtung. Um eine Klimawende zu erreichen, sollten keine Koh-lekraftwerke mehr genehmigt werden – einige Länder machen derzeit trotzdem nicht nur fleißig, sondern verstärkt weiter – und müsste Autos mit Verbrennermotor die Zulassung ent-zogen werden, ohne dass geklärt wäre, wo all die Ladestationen für die Elektromobilität herkommen sollen. Es müsste gelingen, den Ausbau von Anlagen für Wind- und Solarenergie massiv zu beschleunigen, damit die Stromerzeugung der Industriestaaten bis 2035 klimaneutral werden könnte und ihnen die ganze Welt folgen kann. Doch danach sieht es am Ende des Gipfeltreffens in Glasgow nicht aus. Wahrscheinlicher ist, dass die Menschheit trotz aller Einsichten und Absichten weiter wirtschaftet wie bisher. Vielleicht müssen erst massive Katastrophen eintreten oder erste Kippelemente ihre verheerende Wirkung im Erdsys-tem zeigen, wie man den dynamischen Planeten seit kurzem mit einem unglücklichen Begriff bezeichnet. Gemeint mit dem genannten Umschlagen ist das Auftauen der Permafrostböden in Sibirien oder das Abschmelzen von antarktischen Eisschilden, was beides unabsehbare Folge für das Klima hat. Die Frage «Welche Zukunft wollen Menschen erreichen?» stellt sich dann nicht mehr. Dann geht es nur noch darum: «Wie viele Menschen kann die von ihrem Wirtschaften aufgeheizte Erde noch durchfüttern?», «Wie lange und wie gut kann sich das Leben an die schwieriger werdenden Bedingungen auf der Erde anpassen?»[24]

Es gibt erste Bücher wie das Werk des Biologen Thor Hanson mit dem Titel *Hurricane Lizards und Plastic Squid*, das über Anpassungen der Tierwelt an den Klimawandel berichtet, und vielleicht lässt sich aus dem Verhalten der Natur etwas für die menschliche Kultur lernen. Noch kennt die Antwort nur der Wind, der nach einer Zeile von Brecht auch das Einzige ist, das von den Städten bleibt, durch deren Straßen er hindurchgegangen ist. Vielleicht wird von den Menschen nur die Energie bleiben, die durch sie hindurchgegangen ist, ohne dass sie sie einfangen konnten.

Einige Schlüsselprobleme

Als der russische Physiker Witali L. Ginzburg, der für seine Arbeiten zur Supraleitung 2003 mit dem Nobelpreis ausgezeichnet wurde, etwa gleichzeitig mit der erwähnten unerfüllten Prognose des amerikanischen Energieministeriums ein (auf Russisch verfasstes und nicht auf Deutsch erschienenes) Buch über Schlüsselprobleme in Physik und Astrophysik vorlegte, ging er in seinem ersten Kapitel auf «Die kontrollierte thermonukleare Fusion» ein, die ihm in weiter Ferne zu liegen schien. Ginzburg erinnerte sich und sein Publikum an die berühmte Fehleinschätzung, die der Nobelpreisträger Ernest Rutherford 1933 abgegeben hatte, als er lässig meinte, «all talk of using nuclear energy is moonshine» – wer die Nutzung von Kernenergie ankündigt, rede Unsinn. Das stimmte nur, bis 1938 in Berlin die Entdeckung der Kernspaltung gelang und 1942 der erste Reaktor in Chicago auf Probe anlaufen konnte. So spannend Ginzburgs Buch auch ist, an dieser Stelle gilt es erst recht, an Karl Valentins Diktum zu erinnern, dass Prognosen dann besonders schwierig sind, wenn sie sich auf die Zukunft beziehen. Zu Beginn des 20. Jahrhunderts hätte niemand gedacht, dass man etwas mit Halbleitern anfangen könnte, die inzwischen aus dem Leben nicht mehr wegzudenken sind. Ohne sie könnte es die digitale Welt, wie sie nach dem Zweiten Weltkrieg entstanden ist, nicht einmal im Ansatz geben.

Zu den weiteren Schlüsselproblemen seiner Wissenschaft zählte Ginzburg die Frage, ob es die Gravitationswellen gibt, deren Existenz Einstein bereits 1916 vorhergesagt hat und bei der durch eine beschleunigte Masse eine dynamische Änderung der Raumzeit bewirkt werden soll, die sich wellenartig im Kosmos ausbreitet. Einhundert Jahre nach Einsteins Überlegungen konnten Astrophysiker diese Schwerkraftwellen mit höchst empfindlichen Lasern aufspüren, wobei sie der erstaunten Welt mitteilen ließen, dass die registrierten Gravitationswellen durch den Zusammenstoß zweier Schwarzer Löcher auf ihren Weg gebracht worden waren. Warum hat das so lange gedauert, vor allem, wenn man bedenkt, dass Ginzburg bereits in den 1970er Jahren seine Kollegen bedrängt hat, nach Einsteins Wellen im Weltraum zu suchen. Die Gravitation war zwar die erste Kraft, die Physiker identifizieren konnten – durch Newton im späten 17. Jahrhundert –, sie ist aber die letzte, die von ihnen verstanden wird, oder besser – noch immer nicht verstanden worden ist.

Nicht nur der Nachweis von Gravitationswellen hat sich lange Zeit hingezogen. Auch die Laser, die dazu eingesetzt wurden, hat Einstein in theoretischen Überlegungen bereits 1916 als Möglichkeit der Bündelung von Lichtstrahlen beschrieben, und dann hat es trotzdem bis 1960 gedauert, bevor eine erste solche Apparatur rot aufleuchtete. Der Name Laser ist aus der Abkürzung L. A. S. E. R. hervorgegangen, hinter der sich der technische Ausdruck «Light Amplification by Stimulated Emission of Radiation» verbirgt, was auf Deutsch mit «Lichtverstärkung durch stimulierte Emission von Strahlung» übersetzt werden kann. Der Clou steckt in dem Wort «stimuliert». Einstein war 1916 aufgefallen, dass die Quantentheorie, die damals noch in ihren Anfängen steckte, einen Weg erkennen ließ, der es erlaubte, Atome durch Energiezufuhr in ein und denselben angeregten Zustand zu versetzen, sie also zu stimulieren. Wenn sie die dabei erreichte Erscheinungsform nun mit einem Mal aufgeben und alle zusammen ihre Energie freilassen, bringen sie den stark gebündelten Lichtstrahl zustande, der im Handel als Laser angeboten und gerne als Pointer verwendet wird.

Niemand zweifelt an der Nützlichkeit des Lasers sowohl im Bereich der Medizin als beispielsweise auch bei der Blechverarbeitung. Warum dauerte es dann durchweg so lange, bis Einsteins Ideen Folgen in der Wirklichkeit zeigten und die Forscher den staunenden Menschen Laserlicht, Kernenergie und Gravitationswellen präsentieren konnten?

Im Fall der Atomenergie kann man antworten, dass die Physiker zu Beginn des 20. Jahrhunderts keinerlei Vorstellung davon hatten, wie Atome aufgebaut sind. Einsteins Formel war ursprünglich sogar andersherum konzipiert. In seiner Arbeit von 1905 erkannte Einstein, dass sich die Masse eines Körpers – es geht, physikalisch genauer, um seine Trägheit – mit seiner Energie ändert, und zwar nach der Gleichung m = E/c². Es kam Einstein nicht auf die Freisetzung von Energie an – E = mc² –, und die Physiker seiner Zeit wussten auch nicht, wie sie das bewerkstelligen konnten, aber ein Dichter hatte eine Idee. In seinem 1914 erschienenen Science-Fiction-Roman *The World Set Free (Die befreite Welt)* stellte sich der englische Autor H. G. Wells vor dem Hintergrund der neuen Entwicklungen der Physik mit ihren radioaktiven Strahlen und Einsteins Formel vor, dass sich eines Tages «Atombomben» bauen lassen würden, mit denen man – in des Dichters Phantasie – viel Platz auf der Welt schaffen könnte. Als Physikerinnen wie Lise Meitner und Chemiker wie Otto Hahn 1938 die Kernspaltung am Beispiel des Urans nachweisen konnten und der kurz danach beginnende Zweite Weltkrieg in den USA die Entwicklung einer 1945 erfolgreich gezündeten Kernwaffe in Gang setzte, wollten die Physiker ihr Werk erst als Uranbombe beschreiben. Doch ein Schriftsteller hatte längst das bessere und einprägsamere Wort gefunden, das alle Welt bis heute verwendet.

Die Antwort auf die Frage «Wer hat die Atombombe erfunden?» lautete also etwas unerwartet, dass dies ein Dichter war, der die Welt befreien wollte. Wer wissen will, welcher Wissenschaftler als Erster wusste, dass man die Kernkraft nicht nur in seiner Phantasie nutzen, sondern produzieren kann, muss den Satz umformulieren, ihm eine weibliche Form geben und fragen, welche Physikerin als Erste verstanden hat, dass bei der Spaltung von Uran ausreichend Energie frei wird, um sie als neuartiges Mittel zur Zerstörung einzusetzen. Gemeint ist Lise Meitner, die als Wiener Jüdin Deutschland 1938 verlassen musste und nach Schweden emigrierte, wo sie zu Weihnachten Post aus Berlin bekam. In dem Schreiben teilte ihr Otto Hahn seine Beobachtung mit, dass Uranatome platzen, wenn man sie mit Neutronen beschießt, und er fügte hinzu, dass er das nicht verstehen könne. Aus dem Uran sei Barium geworden, wie Hahn präzisierte und was Lise Meitner die entscheidende Einsicht ermöglichte. Wenn Uran zu Barium wird, so konnte sie ausrechnen, geht etwas Masse verloren, und die konnte nur als Energie freigesetzt werden, wie Einsteins Formel es angab. Da die Physiker zusätzlich wussten, dass dann, wenn Neutronen Uranatome spalten, weitere Neutronen auftauchen, konnte man sich den Ablauf dessen vorstellen, was heute als Kettenreaktion bekannt ist. Sie tritt ein, wenn die frei werdenden Neutronen weitere Uranatome treffen, dabei weitere Neutronen generieren, die weitere Uranatome treffen, und so weiter, bis die frei gewordene Energie gigantische Ausmaße annimmt und sich blitzartig in einer Explosion zu erkennen gibt. Die «Atompilze», die nach der Zündung von Kernwaffen sichtbar werden, haben mit der enormen Hitze zu tun, die mit Atombomben einhergeht und allgemein die Eigenschaft hat, aufzusteigen, während kalte Luft absinkt (weil sie dichter und damit schwerer als warme ist). Der Atompilz entwickelt sich so heftig, dass er Staub und Asche mit sich reißt und das entsteht, was Physiker Strömungstransport oder Konvektion nennen. Diese wirkt auch, wenn feuchte Luft aufsteigt und zu Wolkenbildungen führt, denen ein Gewitter folgt. Auch die atomare Wolke kann abregnen.

Alles das war nicht absehbar, als Lise Meitners Einsicht den Weg zur Nutzung der Kernenergie frei machte. Wissenschaft kann keine Zukunft vorhersagen, selbst wenn Menschen dies möchten. Anzumerken ist, dass Rutherford leider bereits 1937 – im Jahr vor der Entdeckung der Kernspaltung – gestorben war und demnach keinen Kommentar mehr zu seiner oben zitierten dramatischen Fehleinschätzung geben konnte. Eigentlich schade, denn er konnte sich deutlich und drastisch äußern, etwa wenn er meinte, es gebe neben der Physik keine andere Wissenschaft. Alles andere sei Briefmarkensammeln, meinte Rutherford, dem vielleicht genau deshalb der Nobelpreis für Chemie verliehen wurde.

Von den Atomen zu den Genen

Als 1945 die ersten Atombomben ihre Zerstörungskraft demonstrierten, wandten sich viele Physiker von ihrer angestammten Disziplin ab. Im Anschluss an den Zweiten Weltkrieg suchten sie nach neuen und harmlos scheinenden Herausforderungen in der ihnen ach so friedlich erscheinenden Biologie. Nach den Atomen wendeten sich viele von ihnen den Genen zu, wobei sie dafür ein großes Vorbild anführen konnten. Denn wenn man fragt, wie es kommt, dass ausgerechnet ein Mönch – gemeint ist der Augustinermönch Gregor Mendel – im 19. Jahrhundert die ersten Gesetze der Vererbung entdeckt hat, erfährt man, dass Mendel von seinem Kloster zum Physikstudium nach Wien geschickt worden war, um Lehrer für dieses Fach zu werden. (Dass ein Kloster Physikunterricht anbieten wollte, hat mit seiner Rolle als Bildungsstätte zu tun, die staatliche Schulen damals nicht übernehmen konnten.) Nachdem Bruder Mendel an den erforderlichen Examina gescheitert war – er scheint unter Prüfungsangst gelitten zu haben –, wies der Klosterabt ihm Aufgaben im Garten zu, und hier suchte der kommende Vater der Genetik in Pflanzen nach dem, was die Physiker in Gasen als Atome gefunden hatten, wie er an der Universität gelernt hatte. Mendel sprach von biologischen Erbelementen, die dem Leben seine Eigenschaften vermittelten, wie es die Atome bei der toten Materie vermochten. Der Mönch verfolgte bei den Erbsen in seinem Klostergarten quantitativ die Weitergabe von vererbbaren

Eigenschaften an nachfolgende Generationen und bescherte auf diese Weise mit seinen Zahlen den physikalisch orientierten Lebenswissenschaftlern im 20. Jahrhundert die Möglichkeit, sich näher um die Gene zu kümmern, wie die von Mendel beschriebenen Atome der Vererbung seit 1909 heißen. Nach 1945 dann wollten die Physiker genauer herausfinden: «Was ist ein Gen?», und sie versuchten zu verstehen: «Wie bringen Gene das Leben hervor?»

Wer wissen will, was Mendels entscheidende Neuerung beim Betrachten der Vererbung von Eigenschaften war, kann das in einem Satz erfahren. Vor Mendel hatten die Botaniker an *einer* Pflanze *viele* Merkmale studiert. Mendel kam auf die Idee, den Spieß umzudrehen und an *vielen* Gewächsen nur jeweils *eine* Eigenschaft ins Visier zu nehmen. Dabei sind die statistischen Regeln entstanden, die seinen Namen tragen und die noch heute in den Schulen zum Verdruss der Schülerinnen und Schüler gepaukt werden.

Als die Physiker nach 1945 in die Biologie drängten und vor allem wissen wollten: «Was ist ein Gen?», hätten sie nicht gedacht, dass man dies im 21. Jahrhundert immer noch – oder jetzt erst recht? – ausweichend beantworten muss. Im Jahr 2014 ist ein lesenswertes Buch erschienen, das provozierend über 300 Seiten lang nach dem Gegenteil fragt und wissen will: «Was sind Gene nicht?» Die für viele sicher überraschende Antwort lautet in ihrer knappsten Version, dass Gene nicht etwas sind, über das Zellen oder die aus ihnen bestehenden Organismen verfügen. Gene liegen nicht als ein stabiles Stück des Erbmaterials vor, das Zellkerne, in Chromosomen verpackt, beherbergen und einsetzen. Gene müssen vielmehr aus vielen im Erbgut verteilten Stücken zusammengesetzt werden, was sie weniger als Ding und mehr als Prozess erscheinen lässt. Im Kern «genen» die Gene, wie sich sagen lässt, was so ungewöhnlich nicht ist, denn schließlich gilt auch, dass Lehrer lehren und Dichterinnen dichten. Mit dem Verb fällt darüber hinaus der merkwürdige Gedanke leichter, dass ein Menschengen, das man in eine Mauszelle überträgt, dort wie ein Mausgen zu wirken beginnt. Das heißt, die tierische Zelle wird wegen der humanen Erbinformation nicht menschlich, nur ihr Stoffwechsel bekommt eine neue Komponente, und ein Menschengen agiert eher genetisch als menschlich.

Wegen dieser inhärenten Dynamik bereitet die Antwort auf die Frage «Wie viele Gene hat ein Mensch?» große Schwierigkeiten. Sie ist noch schwerer zu klären als die scheinbar identische Frage: «Wie viele Gene finden sich in einer menschlichen Zelle?», an der man ebenfalls herumrätselt. Ein Unterschied zwischen beiden Formulierungen steckt darin, dass ein Mensch nicht nur die eigenen Gene aus jeder seiner Milliarden Zellen mit sich trägt, sondern sein Körper in Gestalt von Bakterien, Viren und Pilzen mit mehr fremden als eigenen Genen versorgt ist. Die Gesamtheit der Mikroorganismen auf einem Lebewesen nennt man sein Mikrobiom. Bei einem Menschen macht dieses organische Material ein Kilogramm an Biomasse aus. Insgesamt scheinen sich im humanen Mikrobiom viele Millionen von Genen zu finden und ihre Wirkung zu entfalten. Die Zahl, die für das Humangenom in einer menschlichen Zelle ausfindig gemacht werden konnte, ist verschwindend gering. Sie liegt knapp über 22 000, was eine Menge Fragen mit sich bringt.

1985 hatten Molekularbiologen das Humane Genomprojekt konzipiert, dessen Ziel darin bestand, die Sequenz der menschlichen Gene offenzulegen. Das Wort Genom meint die Gesamtheit der Gene eines Organismus, und von der wusste man, dass sie in menschlichen Zellen aus drei Milliarden chemischen Einheiten bestehen würde. Sie werden als Buchstaben des genetischen Alphabets bezeichnet, da in ihrer Abfolge die biologische Information steckt, mit der das Leben sich baut und erhält. Stellt man die zunächst einfachere Frage, wer den Text der Gene überhaupt lesen kann, erfährt man, dass die dazugehörigen Daten in einem Computer gespeichert werden und man die Lektüre Maschinen überlassen muss. Und weitergefragt: Was erhofften und erhoffen sich die Wissenschaftler von den Informationen aus dem Genomprojekt? Was wollten und wollen sie mit seiner Hilfe lernen?

Als das Großprojekt konzipiert wurde, war es gerade gelungen, Krebs als genetische Krankheit zu verstehen. Das kann man staunend zur Kenntnis nehmen, aber auch in die Frage verwandeln, wie es möglich ist, dass Gene Ursachen für Krankheiten liefern. Auch wenn sehr viel von «Genen für Krankheiten» die Rede ist, weiß doch die Biologie mit ihrem Gedanken der Evolution, dass die Natur ihre Organismen nicht mit Elementen der Schwächung, sondern im Gegenteil mit vererbbaren Fähigkeiten zum kraftvollen Überleben ausstatten muss. «Gene für Gesundheit» müsste es geben – aber warum ist davon im Allgemeinen nie die Rede?

Eine Antwort steckt in dem oft unbeachtet bleibenden Sachverhalt, dass eine Wissenschaft ein Objekt für ihre Untersuchungen braucht, und im Gegensatz zur Gesundheit ist eine Krankheit genau das. Deshalb ist die Medizin die Wissenschaft von Verletzungen, Darmstörungen, Krebsgeschwüren und anderen Unpässlichkeiten – und nicht die Wissenschaft von der Gesundheit. Während sich Krankheiten zeigen, bleibt die Gesundheit im Verborgenen. Man ist gesund, wenn die Organe schweigen und einen nichts stört. Was soll ein Forscher da suchen oder eine Forscherin untersuchen? Und wer zahlt dafür?

Deshalb finden Genetiker zumeist Gene für Krankheiten wie Immunschwächen, Sehstörungen, Krebs oder Haarausfall und weniger Erbelemente für das gute Lebensgefühl, das mit der Gesundheit verbunden ist und Menschen stark macht, also Gene für das unbehinderte körperliche und geistige Wohlbefinden.

Allerdings ist in mindestens einem Fall die Erklärung von Genen für eine Krankheit subtiler. Gemeint ist die Sichelzellenanämie, die so heißt, weil die Blutzellen der Betroffenen ihre normale runde Form aufgeben und wie Sicheln aussehen. Der Unterschied hängt von der Struktur eines einzigen Gens ab, und man kann gut erklären, warum die krankmachende Variante existiert. Menschliche Zellen verfügen über zwei Kopien eines Gens, und so gibt es Menschen, die eine normale und eine mutierte Form der Erbinformation in sich tragen, die zur Herstellung des Hämoglobins eingesetzt wird, wie der rote Blutfarbstoff in der Biochemie heißt. Das Gute an dieser Situation besteht darin, dass diese Menschen mit einem abweichenden Gen vor der gefährlichen Infektionskrankheit mit Namen Malaria geschützt sind. Wenn man sagt, dass es Gene für Malaria gibt, dann meint man, dass Menschen, deren beide Genkopien die krankmachende Version aufweisen, nach einer Übertragung des Erregers erkranken, woran 2015 immerhin mehr als 400 000 Betroffene gestorben sind. Der Trick der Natur besteht darin, viele Menschen mit einem normal funktionierenden Gen und einer Sichelzellenvariante vor Malaria schützen zu können – und deren Zahl ist viel größer. Offenbar hat die Evolution kein Mittel finden können, um alle Menschen vor den Folgen des Mückenstichs zu schützen, aber sie hat wenigstens hinbekommen, eine Vielzahl zu retten. Mit dieser Geschichte ist die Frage, warum es Gene gibt, die zum Krebs beitragen, zwar nicht beantwortet, aber es gilt zu verstehen, dass im Leben immer viele Aspekte im Blick zu behalten sind. So schrecklich Krebs-zellen für einen Menschen sein können, sie selbst machen nur, was alle Zellen können, das heißt, sie teilen sich und suchen nach Energie für ihr Tun. Alle Zellen müssen eine genetisch ver-mittelte Grundfähigkeit haben, weil sonst Leben nicht funktio-nieren könnte.

Im heutigen Sprachgebrauch tritt an die Stelle des funktio-nalen Gens der Name des biochemischen Moleküls, aus dem das Erbgut besteht. Oftmals kann man Sätze hören oder lesen wie: «Das gehört zu meiner DNA.» Der Sprachgebrauch geht längst so weit, dass Fußballvereine von ihrer Club-DNA, Ministerien von ihrer Gerechtigkeits-DNA und Kulturkritiker von der DNA der Schriften von Rudolf Steiner sprechen, womit sie vielleicht der alten Redeweise «Das liegt jemandem im Blut» eine neue Form geben wollen. Aber auch wenn Spieler und Beamte Men-schen mit DNA sind, Clubs, Behörden und Schriftstücke weisen weder Blut noch Erbmoleküle auf.

DNA kürzt das lange Wort Desoxyribonukleinsäure ab – hin-ter dem A verbirgt sich das englische «acid», das für die deutsche Säure steht. Mit den drei Buchstaben wird die Sorte aus Kern-säuren bezeichnet, die Erbinformation speichern kann. Gene bestehen aus DNA. Im Verlauf eines Lebens können einzelne Stücke aus DNA unterschiedlich kombiniert und neu zusammen-gesetzt werden. Neugeborene Menschen verfügen noch nicht über alle Gene, die sie zum Leben brauchen und dafür auch be-kommen – eine bemerkenswerte Einsicht. Sie müssen sich ihr Genom erst im Laufe ihres Heranwachsens herstellen, und in diesen Prozessen verbergen sich erstaunliche Geheimnisse von Organismen und ihrer Entwicklung.

Die Frage «Wie viele Gene hat ein Mensch?» ist also nur scheinbar einfach; jetzt zeigt sich, wo die Schwierigkeiten ihrer

Beantwortung stecken. Meint man die Menge der in einer bestimmten Zelle vorhandenen und aktiven Gene? Oder meint man die Zahl der durch Umgruppierung von DNA-Abschnitten möglichen Gene mit ihren sich ändernden Informationen? Um so präzise wie möglich festzulegen, was ein Gen ist und was dazugezählt werden kann, orientiert man sich an dem Konzept, dass Gene die Informationen enthalten, die eine Zelle zum Bau von Proteinen benötigt. Proteine sind große Moleküle, die aus Ketten von kleineren gebildet werden – sie heißen in der Biochemie Aminosäuren. Die Information in der DNA legt die Reihenfolge der Bausteine in einem Protein fest. In einer Zelle nimmt diese molekulare Kette eine elegante Struktur an, um damit anschließend die chemischen Reaktionen katalysieren zu können, die zum Leben beitragen und von Zellen benötigt werden, wenn sie wachsen, Stoffwechsel treiben und auf die Umwelt reagieren wollen. Ein Gen sorgt für ein Protein, und wenn auch unklar bleibt, wie diese Definition über eine Funktion es erlaubt, die Zahl der DNA-Abschnitte zu ermitteln, deren Information zu einer Proteinkette wird – Lehrbücher und Lexika zögern an dieser Stelle nicht, eine Zahl zu nennen: Ein Mensch – gemeint ist eine menschliche Zelle – hat danach «ungefähr etwa» 25 000 Gene. «Ungefähr etwa» – «der Kasus macht mich lachen», wie Goethes Doktor Faust an dieser Stelle kommentiert hätte, den es noch mehr amüsieren würde, könnte man ihm die Vorschläge aus jüngster Zeit vorlegen, bei denen Genetiker ernsthaft von exakt 21 306 Genen sprechen, die für Proteine zuständig sind, und denen sie ebenso exakt 21 856 Gene an die Seite stellen, die etwas anderes machen sollen (ohne dass man erfährt, was genau sie im Leben zu schaffen haben). Immerhin geben die Experten keine Stelle hinter einem Komma an, und sie sagen auch nicht, von welcher Zelle sie sprechen. Mit anderen Worten, auf die Frage «Wie viele Gene hat ein Mensch?» kann man nur antworten, dass man deren Zahl so wenig kennt wie die Antwort auf das Sorites-Problem, in dem das griechische «sorós» für «Haufen» steckt und in dem es darum geht, zu sagen, wann eine Menge von Reiskörnern oder Erbsen als Haufen bezeichnet werden kann. Vielleicht sollte man sich mit der Auskunft bescheiden, dass Menschen – und nicht nur sie – einen Haufen Gene haben, mit dem sie ihr Leben führen müssen.

Die auch bei allem Witz immer noch lächerlich klein wirkenden Zahlen für den humanen Haufen – der gemeine Wasserfloh und ein Fadenwurm weisen mehr Gene als ein Mensch auf – lassen nur auf eines sicher schließen. Gemeint ist, dass die Raffinesse des menschlichen Wesens und die Komplexität des *Homo sapiens* nicht durch die Menge seiner genetischen Anlagen zu erklären sind. Wodurch denn dann? – so wird sofort gefragt werden, und die Antwort könnte in der Kombinationsfähigkeit der menschlichen Gene liegen. Wenn in einer Zelle DNA-Stücke aus dem Erbgut ausgeschnitten und an anderer Stelle eingefügt werden, geht das nicht ohne die Hilfe der Proteine vonstatten, die oben allgemein als die Katalysatoren der Zelle vorgestellt worden sind. Für sie aber muss es Gene geben, was zu der rätselhaften Erkenntnis führt, dass es Gene geben muss, die für Gene sorgen. Es ist hier nicht der Platz, um alle Verästelungen der modernen Biologie nachzuzeichnen. Aber es gilt, schlicht zur Kenntnis zu nehmen, dass es zwar ein Humanes Genomprojekt gegeben hat, dass dabei aber an dessen Ende vor allem klar wurde, dass es das ursprüngliche Objekt der Forscherbegierde gar nicht gibt. Es gibt kein stabiles Genom, das man als Bild präsentieren kann. Das menschliche Erbgut ist von verwirrender Instabilität, und es ist fast unmöglich, hier nicht aus Goethes *Faust* zu zitieren:

Wer will was Lebendiges erkennen und beschreiben,
Sucht erst den Geist herauszutreiben;
Dann hat er die Teile in der Hand,
Fehlt, leider! nur das geistige Band.

Tatsächlich – der Genomforschung ist das geistige Band entglit-
ten, und die Lage wird nicht besser mit den immer schneller
arbeitenden Sequenzierautomaten und den dramatisch zunehmenden genetischen Dateien. Immerhin hat sich in der Daten-
fülle gezeigt, dass Gene nicht nur neu zusammengesetzt werden, sondern auch springen können, und sie hüpfen vor allem in
den Stammzellen umher, aus denen die Neuronen werden sollen, die Aufgaben im menschlichen Gehirn übernehmen und für
die Signale zuständig sind, die das Verhalten eines Menschen
bewerkstelligen oder koordinieren. Die Zellen des Gehirns, die
Neuronen, führen ihr Leben mit genetischen Flickenteppichen,
das ganze Denkorgan operiert mit einem gigantischen Patch-
work aus DNA-Stücken. Dies bedeutet positiv formuliert: Es
sind individuelle Veränderungen im Genom von Neuronen, mit
denen die Vielfalt entstehen kann, die Menschen auf wundersame Weise in die Lage versetzt, auf die ununterbrochen auf sie
einstürzenden mannigfaltigen Änderungen ihrer Umwelt zu reagieren. Es gibt nicht ein Humangenom, es gibt Milliarden Hu-
mangenome, ein anderes und eigenes in jeder Hirnzelle. Niemand aber versteht genau, was da los ist und was diese
Flexibilität bedeutet. Nur eines ist klar: So, wie Gene nicht etwas Bestimmtes sind, sondern immer etwas anderes werden, so
kann man Leben auch nicht als etwas verstehen, das vor einem
steht und da ist, sondern nur als etwas, das sich in der Welt entfaltet und seinen Ort sucht. Nichts ist gesetzt – wie ein Gesetz –, alles ist (in genetischer) Bewegung, und der mobilste Teil

des Menschen steckt in dem Nervengewebe unter der Schädeldecke, das Gehirn genannt wird. Ihm gehören die nächsten
Abschnitte dieses Kapitels, und vielleicht lässt sich mit seiner
neurologischen Hilfe die genetisch nicht zu klärende Frage beantworten, was dem Menschen seine herausragende Stellung in
der Natur verschafft hat.

Eine Frage der Intelligenz

Die Computer haben nicht nur in der Genetik immer größere
Aufgaben zugewiesen bekommen. Sie treten inzwischen mit
Menschen direkt in Konkurrenz. Neben deren natürlicher
Schlauheit hat sich das etabliert, was im Jargon Künstliche Intelligenz heißt, KI auf Deutsch oder AI auf Englisch, Artificial
Intelligence. Bevor dazu Fragen im Detail gestellt werden – Wie
trägt die KI zur Verbesserung des allgemeinen Lebens bei oder
hilft Menschen im medizinischen Sektor? Können Maschinen
kreativ sein? –, sollen zwei grundlegende Fragen erlaubt sein,
von denen die erste an die Genetik anschließt.

Bevor Computer ihre Arbeit aufnehmen, müssen sie programmiert werden. Das hat zu der Bemerkung geführt, dass
auch Organismen programmiert sind. Man meint, die Qualität
von Erbinformationen durch das genetische Programm beschreiben zu können, mit dessen Ablauf sie dem Leben ermöglichen, seinen Gang zu gehen. Doch hilft diese Metapher eines
genetischen Programms? Hier wird die Ansicht vertreten, dass
man damit scheitert, was daran liegt, dass es in den Maschinen
eine eindeutige Beziehung zwischen einer Instruktion und ihrer
Ausführung gibt, wie sie im Leben nicht zu finden ist. Die Information in der DNA wird linear (über einen Zwischenschritt) in
die Reihenfolge der Bausteine eines Proteins übersetzt, aber wie

diese Kette dann ihre funktionsfähige Struktur annimmt, hängt nicht mehr von der DNA, sondern von dem Milieu der Zelle ab, in der sich das Protein befindet. Hier wirken die Gesetze von Physik und Chemie, und dabei läuft bei aller vorhersagbaren Regelmäßigkeit kein Programm ab.

Gibt es eine geeignetere Metapher zum Verständnis all der Abläufe im sich entwickelnden und hervorbringenden Leben? Man könnte versuchsweise vorschlagen, dass ein Genom über Kreativität verfügt, wobei diese eher in der Kunst angesiedelte Fähigkeit als ein interaktiver Prozess auf der Ebene der Gene und Proteine zu verstehen wäre, der das Vorhandene identifiziert und interpretiert, um anschließend nach evolutionären Vorgaben weiter auf ihm aufzubauen. Das Wachsen eines Embryos und die Entstehung seiner Formen lassen sich nach dem Modell eines Schöpfungsvorgangs verstehen. Vielleicht entstehen Lebensformen dank der Gene so, wie die Werke von Malerinnen und Malern entstehen. Sie beginnen mit einer Vorstellung im Kopf, ihre Fortführung aber hängt von den Ergebnissen ab, die im Laufe der Bildentstehung auf der Leinwand sichtbar werden. Bei der Embryonalentwicklung fängt der Prozess mit genetischen Vorgaben im Kern der Zelle an, und seine Fortführung hängt von den Bildungen ab, die im Laufe der Zeit entstehen, die von der Umwelt registriert werden und auf das sich bildende und gebildete Leben zurückwirken.

Wichtig ist dabei ein zentraler Punkt, der sich wie folgt formulieren lässt: Wer die Entstehung eines Bildes beschreibt und dabei Machende von dem Gemachten trennt, geht an der Sache vorbei. Genau dies gilt auch für die biologische Entwicklung. Bei ihrer Beschreibung sollte man nicht versuchen, das Bildende von dem Gebildeten zu trennen, weil die Gene und ihre Produkte in kontinuierlicher Wechselwirkung stehen. Mit einem

Wort: Gene agieren kreativ. Die Gesamtheit der Gene – das Genom – verfügt über Kreativität. Kein Wunder, dass zuletzt eine schöne Gestalt herauskommt.

Zunächst zögert man bei dem Gedanken, die Tätigkeit eines Malers und das Treiben der Gene zu vergleichen. Doch das Konzept des Malstils macht deutlich, dass auch der kreative Künstler nicht über jede Freiheit verfügt hat und ähnlich gebunden wie das Genom ist. Leonardo da Vinci war sicher ein kreativer Mensch, aber er hatte seinen Stil und von dem kam er nicht ohne weiteres los. Bei seiner Arbeit an der Staffelei ist immer ein «da Vinci» und nie ein «Raffael» oder gar ein «Picasso» entstanden. Dem Malstil entsprechen die kreativen Muster von genetisch produzierten Masterproteinen. Sie sorgen dafür, dass sich aus einem Fliegenei immer nur eine Fliege und niemals eine Maus entwickelt.

Funktioniert die Metapher aber wenigstens in die andere Richtung? Wenn das Leben schon nicht genetisch programmiert ist, ist dann die künstliche Intelligenz wenigstens intelligent – in einem menschlichen Verständnis?

Zunächst einmal ist zu konzedieren, dass programmierte Maschinen schon viele Aufgaben übernehmen können, für deren Bearbeitung Menschen oft sehr lange brauchen und die sie nicht ohne Fehler bewältigen – Flüge buchen, Gleichungen lösen, Schach spielen, Texte speichern und übersetzen, Röntgenbilder analysieren und E-Mails senden. Doch das heißt nicht, dass die Apparate denken können oder intelligent sind. Der Philosoph Markus Gabriel hat dazu geschrieben: «Computer denken letztlich ebenso wenig wie die guten alten Aktenordner unserer analogen Bürokratie.» Und zwar deshalb, weil sich Denken «nicht ohne einen geistigen Anteil» verstehen lässt. Der aber ist menschengemacht, wie der Philosoph versichert und wie einem durchaus einleuchtet. Damit ist unter anderem gemeint, dass die Computer zwar schnell rechnen können, aber nicht wissen, dass dabei Zeit vergeht und ihr Ergebnis für eine Zukunft gebraucht wird und erst in ihr zum Tragen kommt. Intelligent sein heißt, eine gute Entscheidung für kommende Situationen zu treffen, also zwischen neuen und alten Konstellationen zu unterscheiden – im Wort Intelligenz steckt das lateinische «inter», was «zwischen» meint. Das kann eine Maschine schlicht und einfach nicht. Sie plant nichts im Voraus und führt nur zuverlässig aus, was ihr ein Programm jetzt aufgetragen hat – wobei die Anmerkung erlaubt sei, dass die menschliche Intelligenz sich erst im Heranwachsenden entwickeln muss und Kinder bis zum zweiten Lebensjahr nahezu ausschließlich in der Gegenwart leben. Auch danach dauert es immer noch lange, bis sie verstehen, was mit «gleich», «sofort» und «bald» gemeint ist – was ja auch Erwachsenen zuweilen schwerfällt, je nachdem wie eilig sie es haben. Für Vier- bis Fünfjährige – so sagen es die Kinderpsychologen und wissen es die Eltern – gibt es Zeit nur, wenn etwas passiert – und bei Maschinen ereignet sich schlichtweg nichts. Die Meister der Algorithmen wissen nicht, dass sich das ändern kann. Sie ahnen es nicht einmal.

Der Begriff «KI» ist in der Mitte der 1950er Jahre aufgekommen, als die Computer erstmals die elektronische Datenverarbeitung beherrschten und mit der Programmiersprache FORTRAN – FORmal TRANslation – instruiert werden konnten. Sie mussten damals noch auf Festplatten mit Megabyte Speicherplatz verzichten, und auf die Frage, wie sich ein Flugzeug am besten abbremsen lässt, haben sie unter dem hämischen Grinsen der Kritiker zum Beispiel mit dem Rat «durch einen Aufprall» geantwortet. Trotzdem begann in dieser Zeit das Wort Algorithmus Karriere zu machen, womit eine endliche Reihe von Anweisungen gemeint ist, denen ein Computer folgt, um eine ihm gestellte Aufgabe zu lösen oder Berechnungen durchzuführen.

Falls sich jemand fragt, woher das Wort Algorithmus stammt, und erwartet, dass man ihm einen lateinischen oder griechischen Ursprung nennt, wird sich womöglich darüber wundern, dass der Ausdruck durch sprachliche Abschleifung des Namens von Muhammed Al-Chwarismi zustande gekommen ist, einem arabischen Mathematiker, der um 825 ein Buch mit dem Titel *Über das Rechnen mit indischen Ziffern* vorgelegt hat. Dort stellte er systematisch dar, wie man verwickelte Rechenaufgaben Schritt für Schritt bewältigen und Gleichungen lösen kann. Das Buch wurde später «Al-Chwarismi sagt» genannt, und daraus hat sich der moderne Begriff «Algorithmus» entwickelt.

Heutige Algorithmen basieren auf dem, was die Zunft neuronale Netze nennt. Damit sind elektronische Verschaltungen gemeint, deren Konstruktion von der Anatomie des menschlichen Gehirns inspiriert ist und mit denen die Ingenieure das hinbekommen, was als «deep learning» bezeichnet wird. Diese Qualität zeigen neuronale Netze, die aus vielen Schichten bestehen. Mit diesen beiden Entwicklungen gelingt es, Lungenkrebsdiagnosen ebenso wie das Erkennen von Gesichtern und das Entlarven von illegalem Fischfang hinzubekommen – Beispiele, die die erstaunliche Bandbreite der maschinellen Leistungsfähigkeit andeuten sollen.

In den Medien ist «deep learning» berühmt geworden, weil es dem Computer AlphaGo damit gelungen ist, den Weltmeister in Go zu besiegen. Bei diesem chinesischen Brettspiel werden schwarze und weiße Steine so gesetzt, dass die einen die anderen möglichst umzingeln. Die Maschine hat nur eine von fünf Partien verloren, und zwar die, in der der menschliche Gegenspieler, der Südkoreaner Sedol, einen Zug unternahm, den die Programmierer für ihre Maschine nicht einkalkuliert hatten. AlphaGo ist so eingestellt, dass sich die Maschine auf der Basis der ungemein vielen Trainingspartien, die man ihm eingetrichtert hat, bereits nach einem Zug auf die Lage der Steine einstellen, selbst einen Zug unternehmen oder auf die Antwort des Gegenspielers warten kann. Mehr macht und kann der Computer auch mit «deep learning» nicht. «Damit endet seine Kreativität», wie der junge Mathematiker und Philosoph Stefan Buijsman in seinem Buch *Ada und die Algorithmen* schreibt, in dem er aus der Welt der KI berichtet. Er fährt dann fort: «So verlockend es auch sein mag, hinter den erstaunlichen Zügen von AlphaGo etwas zu suchen, es gibt dort nichts zu finden», wobei niemand sagen oder wissen kann, ob das so bleibt.

Trotz der oben zitierten Beruhigung fragen sich immer mehr Zeitgenossen, ob Algorithmen zuletzt nicht doch besser als Menschen werden können. Buijsman tröstet seine Leserinnen und Leser mit der Versicherung: «Das glaube ich nicht», und er meint das unter anderem so, dass Algorithmen nicht unbedingt objektiver urteilen als Menschen, konkret zum Beispiel objektiver als Richterinnen und Richter vor Gericht. Zwar zirkuliert in den Medien die Geschichte, dass in den Räumen der Rechtsprechung kurz vor dem Mittagessen strenger geurteilt und bestraft wird als danach, wenn der Hunger gestillt ist. Aber tatsächlich planen Gerichte ihre Verhandlungen so, dass Angeklagte ohne Anwalt kurz vor dem Mittagessen an die Reihe kommen. Es sind die eher chancenlosen Fälle, die an das Ende der Sitzungen gelegt werden, und die dabei gefällten raschen Entscheidungen haben nichts mit dem Magenknurren zu tun. Surrende Algorithmen urteilen nachweislich nicht besser als irrende Menschen, und niemand sollte in naher Zukunft erwarten, dass er menschliche Roboter zum Abendessen einladen muss und dann nicht weiß, was auf dem Speisezettel stehen soll.

Übrigens, als die in den 1950er Jahren eingeführte KI in den 1970er Jahren ihren ersten Hype erlebte, stand noch die Frage im Raum, ob ein Maschinenprogramm eines Tages den Weltmeister im Schach besiegen könnte – was inzwischen bekanntlich gelungen ist. Zwar wurde diese Frage damals locker positiv von den Experten beantwortet, aber sie taten dies, nicht ohne ebenso lässig hinzuzufügen, dass ein Computer, der einen Schachweltmeister besiegt, mehr können werde, als nur die richtigen Züge auf einem Brett auszuführen, um den Gegner matt zu setzen. Solch eine meisterliche Maschine würde Gefühle zeigen, sich über ihren Sieg freuen können und feiern wollen, wie man vor fünfzig Jahren ohne jede Ironie meinte. Wer sich jetzt immer noch fragt, was Menschen und Maschinen unterscheidet, kennt nun die Antwort.

5

Alltägliche Kniffligkeiten

Ein Ende in der Reihe der möglichen Fragen ist nicht abzusehen, mit der Folge, dass es inzwischen Witzbolde gibt, denen es Spaß macht, Fragen sinnfrei zu stellen. Sie wollen dann zum Beispiel wissen, ob man Wasser verdünnen oder überflüssig machen kann, wie es kommt, dass das Schild «Rasen betreten verboten» genau in der Mitte der Grünfläche steht, warum es im Volksmund heißt, dass Nasen laufen, während Füße riechen, ob sich die Dunkelheit genauso schnell ausbreitet wie das Licht, woran das Tote Meer gestorben ist, ob man überhaupt irgendwo ankommen kann, wenn der Weg das Ziel ist, und ob es stimmt, dass Eigelb mehr Eiweiß enthält als Eiweiß. Alles Anregungen, sich Gedanken zu machen, von denen einige im Text aufgegriffen werden. Was das Ei angeht, so meint «Eiweiß» nicht nur das Weiße eines Hühnereis, das Wort wird auch für die Genprodukte namens Proteine benutzt, selbst wenn das nur Verwirrung schafft. Die Antwort lautet übrigens, dass das Eigelb tatsächlich mehr von dieser Art Eiweiß enthält. Und was das Salz angeht, so sagt die Wissenschaft, dass die Flüsse es ins Meer spülen, weil sie durchs Gebirge fließen und es von seinem Gestein abwaschen. Gläubige Menschen sehen hier lieber Gott am Werk, der Salziges und Süßes trennen wollte. Auch schön. Nur: Warum wollte er das? Wie hat er es gemacht? Und gefällt ihm das Ergebnis?

Einsteins Kühe

Als Albert Einstein im Jahre 1930 eingeladen war, die Internationale Funkausstellung in Berlin zu eröffnen, begrüßte er zuerst freundlich die «lieben An- und Abwesenden», um ihnen anschließend die Leviten zu lesen. Er meinte nämlich, es sollten sich alle schämen, «die gedankenlos sich der Wunder der Wissenschaft und Technik bedienen und geistig nicht mehr davon erfasst haben als die Kuh von der Botanik der Pflanzen, die sie mit Wohlbehagen frisst».[25]

Damit gibt er die Richtung vor, in der die Fragen zu suchen sind, die sich Menschen im Alltag stellen sollten und deren Antworten ihnen dabei helfen, den Zustand des Rindviechs zu überwinden, der ihnen unübersehbar anhaftet. Welche Wunder der Wissenschaft und Technik sollte man wenigstens ein wenig zu verstehen versuchen? Wer durch eine Innenstadt spaziert oder auf einem Bahnhof auf den Zug wartet, wird nicht übersehen, dass die meisten Mitmenschen mit einem Smartphone beschäftigt sind, bei dessen Funktionieren einem so viele Fragen in den Sinn kommen, dass einem glatt schwindlig werden könnte. Hier sollen wenigstens ein paar von ihnen genannt werden:

Wie kann Telefonieren drahtlos gelingen? Wie wird die Musik in dem Smartphone gespeichert, was ansonsten nur mit einem besonderen Tonträger – Schallplatte, Tonband oder CD – geht? Was geschieht, wenn man mit dem Finger auf das Display tippt und wischt? Das Smartphone ist Magie. Es ist ein Wunderding, das Menschen in ihrer Hand halten und nutzen können, um mit seiner Hilfe etwas über Wissenschaft zu lernen.

Wer sich fragt, warum das Analoge bei der Wiedergabe von Musik mehr oder weniger verschwunden ist – auch wenn die alten Vinylscheiben bei Liebhabern zu entsprechenden Preisen wieder in Mode kommen –, während das Digitale triumphiert, bekommt folgende Auskunft. Das Abspielen eines Grammophons begann früher mit dem unangenehmen Kratzen nach dem Aufsetzen der Nadel. Das Vermeiden solcher störenden Geräusche lässt digitale Signale analogen Konkurrenten gegenüber besser klingen. Es geht um das, was im Englischen «noise» heißt und was man mit Lärm, Krach oder Rauschen übersetzen kann. Der Fachmann spricht vom störenden Rauschen, wenn die zu sendenden oder empfangenden Signale beeinträchtigt werden. Am meisten verbreitet ist das Rauschen, das allein deshalb zustande kommt, weil die Welt aus Atomen, Molekülen und ähnlichen Gebilden besteht. Sie sausen permanent durch die Gegend, prallen aufeinander und treffen prasselnd auf die Wände von Gefäßen. Bei diesem stoßenden Herumsausen entsteht unvermeidlich ein thermisches Rauschen. Es nimmt mit steigender Temperatur zu und beweist dem Fachmann nebenbei, dass Materie tatsächlich aus diskreten Einheiten besteht, die umeinandersausen, ohne jemals Ruhe zu finden. Allerdings sollte man sich von der Vorstellung verabschieden, dass dort winzige Billardkügelchen agieren und ihr Unwesen treiben. Sie müssen auf jeden Fall so etwas wie Masse aufweisen, aber wenn die Physik eines gut verstanden hat, dann den Sachverhalt, dass sich Masse zuletzt als Energie aufspüren lässt. Sie macht das Geschehen möglich, wenn das auch nicht unmittelbar einleuchtet. Aber das ist allgemein das Schicksal wissenschaftlicher Erklärungen.

Unabhängig davon sorgt die Existenz von beweglichen Atomen dafür, dass elektrischen Signalen in Empfängern ein Gewusel zugrunde liegt. In den ersten (noch analogen) Fernsehapparaten konnte man das sogar sehen, sobald das Gerät eingeschaltet war, ohne dass eine Sendung lief. Dann erblickte man auf den Bildschirmen nämlich, was treffend als wirbelnder «Schnee» beschrieben wurde, und in diesen wackelnden und kreisenden Mustern zeigte sich das atomare Rauschen, das schlicht und einfach zur Materie gehört.

Wenn jemand im 19. Jahrhundert gesagt hätte, dass die Welt aus Atomen besteht, hätte man von ihm wissen wollen: «Haben Sie schon eins gesehen?» Kann man heute Atome sehen oder sich ein Bild von ihnen machen? Moderne Techniken wie Rasterelektronenmikroskope (REM) mit feinsten Spitzen können unter Ausnutzung raffinierter quantenmechanischer Effekte – gemeint ist der Tunneleffekt – Atommuster zeigen und zum Beispiel aus der Oberfläche von Aluminiumkristallen einzelne Atome entfernen, wodurch ein kleines schwarzes Loch erkennbar wird. Die besten Mikroskope können einzelne Atome abbilden, wenn sie mit großem Aufwand von Störungen der Umgebung abgeschottet werden. Ein REM «sieht» dabei weniger etwas, wie seine Hersteller und Benutzer versichern, es fühlt mehr die Atome, wie ein Finger, der über eine Oberfläche streicht. Dabei können chemische Reaktionen ausgelöst werden. Auf diese Weise wirkt etwas aus dem Innersten der Welt heraus, und so lernt die schauende Wissenschaft immer mehr von dem geheimnisvollen Treiben in der Tiefe der Dinge kennen, auch wenn diese es einem nicht gerade leicht machen.

Nun endlich zur Musik: Wie jedes akustische Phänomen besteht Musik aus longitudinalen Schallwellen. «Longitudinal» heißt, dass die jeweilige Kontraktion und Ausdehnung der Luft sich in dieselbe Richtung ereignet, in der sich die ganze Welle ausbreitet. Die entstehenden Druckschwankungen werden von einem Mikrofon in elektrische Signale umgewandelt. Diese müssen in regelmäßigen Zeitintervallen abgetastet werden, wie man sagt, wenn man die damit verbundene Musik aufnehmen will. Beim «Abtasten» werden Messwerte zu einzelnen Zeitpunkten erfasst, mit deren Hilfe aus dem kontinuierlichen Signal der Außenwelt die diskrete (digitale) Information im Apparat gewonnen wird. Seit sich Menschen bemühen, Schallwellen – Musik oder Stimmen – aufzuzeichnen, stehen sie vor Fragen der Art: «Wie groß muss die Abtastrate sein?» oder «Wie viele Spannungsimpulse aus einem Mikrofon muss man registrieren, um den empfangenen Ton oder Klang möglichst getreu erst erfassen und dann wiedergeben zu können?»

Zum Glück lassen sich die physikalischen und nachrichtentechnischen Bemühungen zu diesem Thema in einer zentralen Einsicht zusammenfassen. Sie ist mit zwei Namen verbunden: Claude Shannon und Harry Nyquist. Der aus Schweden stammende Nyquist konnte zeigen, dass sich die Frequenzen etwa eines musikalischen Signals fast originalgetreu einfangen lassen, wenn die Abtastrate wenigstens doppelt so groß ist wie die höchste Frequenz, die im Signal auftaucht. Mit anderen Worten: Werden akustische Signale schnell genug abgetastet, können sie digital perfekt gespeichert und wiedergegeben werden – wobei hier angemerkt sei, dass mit dieser Erklärung erst das eigentliche Fragen für alle diejenigen beginnt, die das technisch nutzbare Ergebnis verstehen wollen.

Shannon hat die schwedischen Überlegungen weitergeführt und den Begriff der Bandbreite benutzt. Diese legt fest, zwischen welchen Frequenzen die dominierenden Anteile des empfangenen Signals liegen dürfen. Den Amerikaner interessierten rauscharme Wege der Kommunikation, und er konnte zeigen, dass man eine nahezu ungestörte Übertragung von digitalen Signalen erreichen kann, wenn man sich auf Einschränkungen bei der Bandbreite einlässt. Das akzeptieren heute Milliarden von PCs, die über das Internet miteinander verbunden sind. Die

Beiträge der beiden Herren werden in der modernen Literatur als Nyquist-Shannon-Abtasttheorem zusammengefasst. Es besagt, dass ein in seiner Bandbreite begrenztes Signal aus diskreten Abtastwerten exakt rekonstruiert werden kann. Mit anderen Worten, die Verarbeitung analoger und digitaler Signale erweist sich als weitgehend äquivalent, und genau darin findet sich der Grund, warum die Menschen in den digitalen Wunderkästchen, die sie in Händen halten, auch die Musik finden, auf die ihre Ohren warten. Die Tatsache, dass die Nachrichtentechniker, Mathematiker und Computerexperten für die transversalen Wellen des Lichts dieselben Ergebnisse hinbekommen haben wie für die longitudinalen Wellen der Töne, wird da kaum noch jemanden überraschen. Wie die Musik sind auch die Bilder in den digitalen Geräten angekommen.

Das Smartphone sollte die Neuerfindung des Telefons, des Fernsprechers sein. Anfang der 1960er Jahre begannen die Telefone mobil zu werden, als die Bell Laboratories in New York Autotelefone anboten. Die ersten Exemplare wogen 15 Kilogramm und waren ziemlich klotzig, aber sie waren besser als ihre Vorläufer. Bereits 1935 hatte man versucht, Telefone in Kofferräumen unterzubringen, weil die Hersteller zutreffend davon ausgingen, so etwas gehöre zur mobilen Natur des Menschen einfach dazu und würde von ihnen gewünscht und gekauft. Für diesen Zweck einsetzen konnte man die bereits seit dem Ende des 19. Jahrhunderts bekannte drahtlose Funktechnik. Sie wurde anfänglich so genannt, weil ihre Pioniere hör- und sichtbare Signale (Funken) in Form von Oszillatoren erzeugten, die in einem getrennt stehenden Empfänger (einer Antenne) eine Spannung induzierten. Mit ihrer Hilfe begann anschließend der elektrische Strom zu fließen, mit dem sich Informationen an einen Empfänger übertragen ließen.

Die einstmals übertragenen Funken haben dem Medium auch seinen Namen gegeben. Es heißt immer noch Rundfunk, obwohl längst keine Funken mehr fliegen. Als die Menschen – anders als die verwöhnten Smartphone-Nutzer heute – noch staunen konnten, fragten sich einige von ihnen, wie das sein konnte. Wie gelangen körperlose Stimmen ohne Kabel mittels unsichtbarer Wellen in die Ohren der Menschen in ihren Wohnungen? Anfangs mussten dafür noch Kopfhörer aufgesetzt werden, aber 1925 kam ein elektrodynamischer Lautsprecher auf den Markt, der Zuhörer ohne solche Hilfsmittel mit dem Radio verband. Mit dem Rundfunk gab es das erste Telemedium, in dem sich ein Einzelner als einer medial zustande gekommenen Erlebnisgesellschaft zugehörig betrachten konnte, ein Gefühl, das die Menschen nicht mehr verlassen hat und das heute ganz selbstverständlich geworden ist. Dabei entwickelte sich eine neue Wahrnehmungskultur, zu der auch das Grammophon beitrug, mit dessen Hilfe es im Verlauf des späten 19. Jahrhunderts gelungen war, erst die menschliche Stimme und dann musikalische Klänge zu reproduzieren, die ein akustisches Trägermedium namens Schallplatte mit seinen Rillen gespeichert hatte.

Es ist offenkundig: Die Geschichte der Menschen ist seit der Mitte des 19. Jahrhunderts auch eine Mediengeschichte, die ihrerseits als Geschichte der Techniken erzählt und verstanden werden muss, die der menschlichen Kommunikation dienen. Zu diesen Medien gehörte nach dem Fernsprechen das Fernsehen und nach dem Telefon die Television. In dem Maße, wie die entsprechenden Geräte Bilder zeigen sollten, mussten sie mit Bildschirmen ausgerüstet werden, die seit Anfang der 1970er Jahre die Eigenschaft bekommen haben, sich durch Tasten oder Berühren bedienen zu lassen. Was für Forschungseinrichtungen entwickelt wurde und für Konferenzen vorgesehen war, fand seinen Weg bald in den Alltag. 1992 baute die Firma IBM einen ersten Touchscreen in eines ihrer mobilen Telefone ein.

Der Name Touchscreen verweist auf elektrische Spannungen, die ein Kondensator speichern kann, was die Physiker durch seine Kapazität messen, wie man früher noch in der Schule lernte. Bei den erwähnten Touchscreens kommt eine Glasplatte als Bildschirm zum Einsatz, die mit einem durchsichtigen Metalloxid beschichtet und an der eine elektrische Spannung angelegt ist. Wird die Folie mit einem (leitfähigen) Finger angetippt, wird der Strom an dem Punkt der Berührung unterbrochen. Ladungen geraten in Bewegung, wobei zu dem funktionierenden Gesamtgebilde noch eine Einrichtung namens Controller gehört, die die registrierten physikalischen Informationen aufnimmt und aus ihnen die Position der Berührung berechnet und punktgenau ermittelt.

Beim Sehen im Auge geschieht etwas Vergleichbares. In den lichtempfindlichen Zellen der Netzhaut fließt ein Strom, solange es dunkel ist. Der Dunkelstrom wird unterbrochen, wenn es im Auge hell wird. Dies führt zu einem elektrischen Signal, das dem Gehirn zugeleitet wird, in dem zuletzt aus dem Licht das Sehen wird. Ein Wunder, keine Frage, aber trotzdem ohne Erlebnisverlust aufzulösen in eine Kette von Signalen, ganz wie die Magie der Touchscreens. Steckt vielleicht in der Erklärbarkeit der magisch wirkenden Dinge das eigentliche Wunder? «Das Unbegreifliche an der Welt [der Natur und der Technik] ist ihre Begreiflichkeit», hat Albert Einstein gemeint, der jeden Philosophen ausgelacht hätte, der ihm etwas von der «Entzauberung der Welt» erklären wollte und nicht einmal zu sagen wusste, wie eine Straßenbahn losfährt.

Der amerikanische Autor Arthur C. Clarke hat einmal bemerkt, dass fortschrittliche Technologien von einem gewissen

Grad an von Magie nicht zu unterscheiden sind. Beim Touchscreen ist ein solcher Grad erreicht. Das sollte aber niemanden daran hindern, sich über das Zusammenspiel von mechanischer Berührung mit elektrischen Signalen und mathematischen Berechnungen erst zu wundern und dann genauer zu informieren. Auch dieses Wechselspiel funktioniert bereits in der Natur. Treffen zum Beispiel Pantoffeltierchen auf ein Hindernis, sorgt der Aufprall dafür, dass winzige elektrische Ströme in ihren Härchen die Richtung umkehren. Der Vorgang erlaubt den Zellen, sofort den Rückwärtsgang einzulegen, und dem Pantoffeltierchen, ins Freie zu entkommen, wo es leben kann und möchte. Das Wunder der Signalumwandlung – es funktioniert im Leben wie im Smartphone, und der Versuch lohnt sich, mit seiner Hilfe die Abläufe der Welt zu verstehen.

Im Spiegel

Beim Blick in den Spiegel fällt auf, dass das rechte Ohr links und das linke Ohr rechts zu finden ist. Zwar hat man sich an diese Spiegelung gewöhnt – aber sollte die glatte Scheibe vor einem aus Symmetriegründen nicht auch oben und unten vertauschen? Das jedoch ist offensichtlich nicht der Fall. Was lässt den Spiegel die eine Dimension bevorzugen und die senkrechte Variante vernachlässigen? Eine genaue Erklärung müsste Lichtstrahlen zeichnen und deren geometrischen Verläufen nachspüren, was aber hier zugunsten einer einfachen Demonstration unterbleiben soll. Um in aller Kürze zu sehen, was beim Spiegeln passiert, sollte man sich einfach vor die reflektierende Glasfläche stellen und den rechten Arm nach rechts strecken. Die Person im Spiegel macht dann dasselbe, wie es aussieht. Nun hebt man den linken Arm in die Höhe und zeigt mit ihm nach oben, und auch jetzt agiert das Gegenüber auf dieselbe Art, wie man sehen kann. Doch nun kommt es. Wenn man nämlich einen Arm nach vorne auf sein Spiegelbild zu streckt, dann kommen einem die Finger der dazugehörigen Person entgegen. Mit anderen – und vielleicht komischen – Worten: Ein Spiegel vertauscht gar nicht rechts mit links. Es sieht nur so aus. Er dreht vielmehr vorne nach hinten und umgekehrt hinten nach vorne um, und jetzt kann sich jeder bei der nächsten Morgenrasur oder beim Kämmen der Haare im Spiegel daranmachen, dem reflektierten Licht hinterher- und auf die Finger zu schauen.

Und noch etwas. Ein Spiegel besteht aus durchsichtigem Glas. In alten Zeiten hatte man dahinter eine Silberfolie angebracht, in der man sich sehen konnte. Das hat zu dem Witz geführt, dass Menschen aufhören, auf die Welt zu blicken, und dazu übergehen, nur noch sich selbst zu sehen, sobald auch nur ein wenig Silber (oder Gold) ins Spiel kommt. Dazu zwei Anschlussfragen: Warum behält das Gold seinen Glanz auch nach dem Anfassen, während das benutzte Silber häufig schwarz anläuft?

Gold und Silber gelten beide als Edelmetalle. Damit wollen die Chemiker sagen, dass sie beständig sind und nicht rosten, dass sie also keine Verbindungen mit dem Sauerstoff aus der Luft eingehen und folglich nicht oxidieren, wie der Fachausdruck heißt. In der Luft finden sich aber Spuren von Schwefelwasserstoff, der in höheren Konzentrationen Menschen in die Nase steigt und den Geruch von faulen Eiern verbreitet. Zwar riecht das Silber nicht, aber es zieht den Schwefel an sich, so dass Schwefelsilber entsteht, das auch Silbersulfid heißt und den bräunlichschwarzen Farbton mit sich bringt, der einem nicht gefallen kann, der einen aber auch nicht umbringt.

Gold kümmert sich in feiner oder reiner Form nicht um den

Schwefel. Wenn aber aus dem weichen Edelmetall harte Schmuck-
stücke gefertigt werden sollen, fügen die Designer etwas Silber
hinzu, und mit ihm kann das Goldarmband am Rand anlaufen.
Seine schöne Farbe verdankt das gelb schimmernde Edelmetall
der Wechselwirkung des Lichts mit den Elektronen des Ele-
ments mit dem lateinischen Namen Aurum – deshalb steht es
auch als Au im Periodensystem der Elemente. Der Name Gold
leitet sich von der indogermanischen Wurzel für «gelb» ab – was
nur zufällig wie «Geld» klingt.

Gold hat eine große Rolle in der Geschichte gespielt. Bei dem
Goldfieber, das 1848 ausbrach, als in der Nähe der heutigen
Stadt Sacramento in Kalifornien Nuggets gefunden wurden,
lockte es 100 000 Menschen an. Wegen dieser Goldfunde wurde
das Gebiet an der Westküste 1850 als 31. Staat in die USA aufgenommen. Im Jahr 1911 hat der neuseeländische Physiker Ernest
Rutherford im britischen Cambridge mit deutschen Kollegen
radioaktive Strahlen auf eine Goldfolie geschossen, deren Dicke
man auf eine einzelne Schicht aus Atomen schätzte. Man wollte
die Strahlen an den Atomen streuen, suchte deshalb hinter der
Folie nach ihrem weiteren Verlauf, musste aber zur allgemeinen
Verblüffung feststellen, dass ein Teil von ihnen direkt zurück-
kam. Der Schluss war unausweichlich, dass Goldatome etwas
enthalten mussten, in dem sich ihre Masse bündelte. Man spricht
heute vom Atomkern, und das Gold hat seine Entdeckung ermöglicht.

Übrigens – die Nobelmedaille besteht aus Gold, mit der Folge,
dass der große Däne Niels Bohr seine Medaille verstecken
wollte, als in den 1940er Jahren die Nazis in Kopenhagen das
Sagen hatten. Er bat die Chemiker um Rat, die ihm zusicherten,
man könne Gold in Königswasser – ein schöner Name für eine
Mischung aus Salz- und Salpetersäure – erst auf- und später wie-

der auslösen. So ließ Bohr es geschehen, und damit gibt es eine gute Geschichte mehr aus den Kreisen der Wissenschaft zu erzählen.

Wie die Geschichtsbücher berichten, bestand der Traum der frühen Alchemisten darin, Blei in Gold zu verwandeln. Man meinte, dass Gold sei schon innen vorhanden und müsse nur freigesetzt werden. In diesem Sinne hat Bohr sein Gold alchemistisch aus dem Königswasser befreit, in das er es allerdings vorher hineingetan hatte. Im Gegensatz zum weichen Gold sind die aus Kohlenstoff bestehenden Diamanten durch den enormen Druck, unter dem sie tief in der Erde entstehen, sehr hart geworden. Sie gelten als das härteste Mineral, das die Menschheit kennt, was die Frage erlaubt, womit man sie eigentlich schleifen kann. Die einzig mögliche Antwort lautet, mit Diamanten selbst. Sie werden pulverisiert, in Öl gerührt und sodann dem Werkzeug zugeführt, mit dem sich ein Diamantenschleifer an die Arbeit macht.

Kohle wird oft als «schwarzes Gold» bezeichnet, weil die europäischen Nationen während der frühen Industrialisierung mit seiner Hilfe ihren Reichtum ansammeln konnten. Hier soll jetzt nicht gefragt werden, was an der heutzutage global verheizten Kohle so schädlich und gefährlich ist – Antwort: unter anderem die bei der Verbrennung freigesetzten Treibhausgase, aber auch die Kohlelungen der Bergbauarbeiter, die das schwarze Gold unter Tage abbauen. Vielmehr lautet die Frage, wie die energiereichen Flöze entstanden sind, die zuerst in England gefunden und gefördert wurden und dort die ersten Dampfmaschinen zum Laufen brachten. Erst trieb man mit der Kohle die Pumpen an, die das Wasser aus der Tiefe der Erde an die Oberfläche beförderten, und dann kam man auf die Idee, die Maschinen nicht nur zu befeuern, um den senkrechten Transport von Gütern zu bewerkstelligen, sondern sie auch zur horizontalen Beförderung von Personen einzusetzen.

Wer sich in den Schulbüchern die Tabellen der Erdzeitalter anschaut, an deren heutigem Ende die Wissenschaft nach dem Holozän ein Anthropozän zu erkennen meint, womit sie den Menschen immer größeren Einfluss auf das globale Geschehen zuweist, findet auf den Darstellungen vor gut 300 Millionen Jahren eine Periode mit dem aus dem Italienischen stammenden Namen Karbon eingetragen, Kohle also. Damals war es auf der Erde sehr warm, die Pflanzen konnten gut gedeihen, sie banden im Leben viel Kohlenstoff und zersetzten sich nach dem Absterben ohne Sauerstoff in Torf. Nachdem durch hohen Druck das letzte Wasser aus diesem organischen Sediment herausgepresst worden war, kam die steinharte Kohle zustande, die Menschen Jahrmillionen später als schwarzes Gold wieder ans Licht holten. Der Rest ist Geschichte, wie man sagt, mit einem lohnenswerten Schlenker, der in die Regionen des Philosophischen führt.

Gewöhnlich denkt man – anfänglich in den Zeiten der Aufklärung –, dass es die Geschichte ist, die Menschen macht und ihre Kultur hervorbringt. Doch dieser Gedanke kehrte sich um, als Philosophen wie Georg Wilhelm Friedrich Hegel im 19. Jahrhundert mit dem Denken begannen und in der Epoche der Romantik die dialektische Methode ersannen. Jetzt war es nicht mehr die Geschichte, die den Menschen aufkommen ließ. Jetzt waren es umgekehrt die Menschen, die für ihre Geschichte sorgten und jede Entwicklung vorantrieben. Wer dieses dialektische Gedankenspiel mit These und Antithese global einsetzen will, kann sagen, dass es nicht mehr die Erde ist, die den auf ihr lebenden Geschöpfen mit Humangenom die Grenzen ihrer Existenz absteckt, sondern dass es die Mitglieder der Spezies *Homo sapiens* sind, die ihrem Heimatplaneten die Schranken seiner Möglichkeiten aufzeigen und auferlegen. Die Fragen, wie lange das gut gehen und wie viele Menschen die Erde noch vertragen und durchfüttern kann, werden von den historischen Prozessen im Laufe der kommenden Zeit beantwortet werden.

Drogen und Rauschmittel

Wenn in den Medien weniger von der gefährdeten Menschheit und mehr von der bedrohten Gesellschaft die Rede ist, geht es oftmals um Drogen und Rauschmittel und vor allem um deren Missbrauch. Eine der beliebtesten Drogen der 1920er Jahre war das Kokain, das damals legal in Apotheken angeboten wurde und die Chefs der gutbürgerlichen Pharmafirmen – Merck, Knoll, Boehringer – gesetzeskonform zu den Kokain-Baronen ihrer Zeit machte. Auch noch heute verdienen Hersteller von Medikamenten an gefährlichen Drogen, die es auf Rezept gibt, wobei besonders dem opiumartigen Schmerzmittel Fentanyl eine dubiose Rolle zukommt, da ihm in diesem Jahrhundert bereits eine Million Amerikaner zum Opfer gefallen sind. Angesichts dessen wollen vermutlich nur noch die wenigsten genauer wissen, wie Opiate oder Opioide auf das Gehirn eines Menschen einwirken. Kürzestmögliche Antwort: Sie besetzen besondere Rezeptoren auf den Oberflächen von Neuronen im Zentralnervensystem.

Wer sich jetzt die Frage stellt, wer eigentlich festlegt, wann ein Stoff als heilendes Medikament zugelassen oder als Droge im Sinne eines süchtig machenden Rauschmittels verboten wird, hofft sicher darauf, eine Antwort wie «Die medizinische Wissenschaft und die Gesundheitsexperten!» zu bekommen. Er reagiert dann enttäuscht, wenn zu erfahren ist, dass dabei vielfach politische und soziale Überlegungen und ökonomische Kräfte eine Rolle spielen. Staaten haben immer seltsam selektiv entschieden, welche Stoffe unter Strafe zu stellen waren und welche nicht. Die Idee, Marihuana zu verbieten, ist 1923 in Südafrika mit seiner britischen Kolonialregierung aufgekommen, als die hellhäutigen Herrschenden bemerkten, dass es der Stoff der Schwarzen war. In Deutschland war indischer Hanf seit den 1920er Jahren verboten, aber gekümmert hat das niemanden, bis christlich-demokratische Wein- und Biertrinker um 1970 eine «Drogensucht» unter jungen Leuten konstatierten und Marihuana als «Mörderkraut» diffamierten, während sie sich weiter zuprosteten und ihre Leber mit Schnäpsen ruinierten. Das Bundesverfassungsgericht erklärte sich 1994 mit dieser Art des Konsums einverstanden, indem es beschied, Alkohol werde zum Genuss getrunken und sei kulturell tief in der deutschen Gesellschaft und ihren Traditionen verwurzelt. Allerdings hat zum Beispiel ein langjähriges Mitglied des Bundesgerichtshofs, Professor Thomas Fischer, 2018 in der 65. Auflage eines Nachschlagewerks zum Strafgesetzbuch festgehalten: «Eine Gesellschaft, die fünf Prozent ihrer Mitglieder wegen des Konsums von Rauschmitteln kriminalisiert, während sich zugleich weitere 30 Prozent der Bevölkerung legal und staatlich gefördert totsaufen oder -rauchen, verhält sich evident irrational», nämlich höchst unfair und einseitig. Hier sollte die Frage erlaubt sein, welcher verantwortliche Politiker anders denkt ...

So wütend einen die geschilderte Lage machen kann – das Wort Droge hat seinen finsteren Charakter erst in der Mitte des 20. Jahrhunderts angenommen. Der Begriff leitet sich etymologisch vom niederländischen «droog» ab, was eine Trockensubstanz meinte, die in dieser Form verschickt und zum Gebrauch mit Wasser versetzt werden konnte. Damit waren Teeblätter und Kaffeepulver gemeint, wobei der Weg des Wortes «droog» über das englische «drug» zur deutschen «Droge» führte, womit lange Zeit das gemeint war, was heute vorsichtiger als Arzneimittel oder vornehmer als Medikament bezeichnet wird.

Dass Drogen jetzt Rauschmittel meinen, hat damit zu tun, dass Menschen bereits seit der Jungsteinzeit psychoaktive Substanzen und also Rauschgifte nutzen. Cannabis wurde schon in vorchristlicher Zeit als Räucherwerk empfohlen. Halluzinogene Pilze etwa sind bereits seit vielen Tausend Jahren vor Christi weltweit bekannt und in Gebrauch. Wenn sich Menschen heute dazu hergeben, mit markigen Sprüchen wie «Dieser Körper ist drogenfrei» aufzufallen, sollten sie noch mal überlegen, ob sie das wirklich behaupten können und ob sich das jemand vornehmen kann. Menschen verlangt es nach Rauschmitteln. Sie führen zu Veränderungen des Bewusstseins, euphorischen Gefühlen oder Trancezuständen und finden in vielen Kulturen rituell oder in religiösen Zusammenhängen Verwendung. Menschen sind im Allgemeinen gerne aktiv, und so greifen sie gerne zu Drogen, die psychoaktiv wirken. Als Halluzinogene verändern Drogen die Wahrnehmung, als Neuroleptika üben sie dämpfende Wirkungen aus, als Psychedelika helfen sie, Transzendenzerfahrungen zu machen, als Antidepressiva wirken sie gegen bedrückende Stimmungen, als Aphrodisiaka steigern sie das sexuelle Verlangen – und bei all diesen eindrucksvollen Namen ist von Kaffee und dem Alkohol in ihren vielfältigen Verabreichungen noch gar nicht die Rede gewesen.

Natürlich finden die Rauschmittel ihre Wirkorte im menschlichen Gehirn, wobei jedes von ihnen besondere Mechanismen in Gang bringt, um dem Nervensystem neue Impulse zu geben. Nehmen wir als Beispiel den Kaffee: Wie kommt es, dass das biochemische Produkt einer ursprünglich im äthiopischen

Hochland wachsenden Pflanze, das als Molekül Koffein heißt und dem Kaffee seine anregende Wirkung verleiht, zielgenau seinen Platz in einem menschlichen Gehirn findet, um hier «antagonisierende Effekte an zerebralen Adenosinrezeptoren» auszulösen, wie man von den Fachleuten erfahren kann? Die Herren der Reagenzgläser wollen mit diesen Worten sagen, dass Koffein den Kreislauf dadurch stimuliert, dass es einige Oberflächenmoleküle von Neuronen blockiert. Dies hat in dialektischer Manier Ausschüttungen zur Folge, unter anderem von Hormonen wie Adrenalin und Dopamin, die im weiteren Verlauf helfen, die Leistungsbereitschaft einer Person zu steigern.

Koffein geht trickreich vor und verlockt zu der Frage, wieso die Evolution in der Kaffeepflanze solch ein Wunderwerkzeug gebastelt hat. Wozu gibt es Koffein? Was macht der Kaffeewirkstoff am Ort seiner natürlichen Herkunft in der Kaffeepflanze? Die Antwort lautet, dass Koffein auf der einen Seite als Schutz gegen Angriffe von Insekten dient und auf der anderen Seite in den Kaffeesamen dafür sorgt, dass jedes Keimen von anderen Pflanzen unterdrückt wird.

In dem Kaffee mit seinem Koffein steckt nicht nur ein wissenswerter Anfang, sondern auch eine folgenreiche Geschichte. Wenn man den Legenden glauben will, verdankt die Menschheit die Entdeckung der belebenden Wirkung von Kaffee einem Hirten, der im 9. Jahrhundert beobachtet hat, wie Ziegen nach dem Verzehr von roten Kaffeekirschen aufgeregt in der Gegend herumsprangen. Bald probierten erste Menschen an sich selbst aus, was den Ziegen gefallen hatte, und sie bemerkten eine belebende Wirkung mit vollmundigem Geschmack. Im 11. Jahrhundert bekam das Getränk den arabischen Namen Quahwah, das Anregende, von dem es nicht mehr weit bis zum «Kaffee» ist. Anfang des 17. Jahrhunderts brachten venezianische Kaufleute diesen Kaffee nach Europa, wo er anfänglich vor allem Mitgliedern des Adels gereicht wurde, bevor die ersten Kaffeehäuser für das Volk öffneten. Der historische Weg führt weiter bis in die Gegenwart, in der Kaffee zum beliebtesten Getränk der Deutschen geworden ist, die in jedem Jahr 162 Liter pro Kopf davon trinken. Was so nahtlos aussieht, lässt Historiker eine bemerkenswerte Frage stellen, nämlich: War vielleicht der Kaffee der Auslöser der Französischen Revolution?

Klar ist auf jeden Fall, dass Kaffee und Kaffeehäuser sowohl vor der amerikanischen Unabhängigkeitserklärung als auch vor der Französischen Revolution boomten und die Menschen in Europa das alte Hauptgenussmittel Bier gegen die neue Droge mit Namen Kaffee austauschten, mit der ein Aufbegehren natürlich leichter zu bewerkstelligen war.

Während also die Weltgeschichte vom Einschlaf- zum Aufputschmittel wechselte, soll es an dieser Stelle umgekehrt vom Muntermacher zum Beruhigungssaft gehen, womit das Bier gemeint ist. Der Gerstensaft enthält ein paar Prozent Alkohol, die für seine dämpfende Wirkung sorgen. Das aus Kohlen-, Wasser- und Sauerstoff bestehende Molekül mit Namen Alkohol – die chemische Formel lautet C_2H_5OH – sorgt zum einen im Gehirn für die Bildung eines ersten Botenstoffs mit Namen Aminobuttersäure, der die Aktivität der Nervenzellen bremst und verlangsamt, und betreibt zum Zweiten die Anfertigung eines zweiten Botenstoffs, des stimulierenden Ethanols Glutamat. In der Summe sorgt das dafür, dass Menschen ein paar Minuten nach dem ersten Schluck erst gelassener und dann enthemmter werden, was bei fortgesetztem Konsum noch weitergehen und bis zum Umfallen durch Gleichgewichtsstörungen führen kann.

Wahrscheinlich sind der Alkohol und seine Wirkung schon vor mehr als zehntausend Jahren bemerkt worden. Denn der so angenehm beschwipst machende und berauschende Stoff entsteht auf natürliche Weise, wenn es in reifen Früchten zur Gärung kommt. So kamen Menschen früh zu ihrem ersten Genussmittel, mit dem insgesamt eine dramatische soziale wie medizinische Geschichte verbunden ist, die in ihrer Fülle nicht erzählt werden kann. Hier sollen dafür zwei praktische Fragen erörtert werden. Zum einen, woher die ärgerliche Alkoholfahne kommt, die Betrunkene verströmen, und zum Zweiten, wie die Polizei Alkoholsünder am Steuer dingfest macht, nachdem sie die Fahne bemerkt hat.

Was den Geruch des Atems angeht, so hängt sein wahrnehmbares Auftreten biochemisch damit zusammen, dass sich Alkohol leicht in die Membranen von Zellen einschmuggelt und daher seinen Weg vom Körperinnen nach außen findet und dann beim Ausatmen zu riechen ist. Das heißt, der Alkohol selbst riecht nicht. Dies übernehmen einige der ihn begleitenden und mitgeschleppten Stoffe, die gerne als Fusel-Öle bezeichnet werden. Wodka als sehr reiner Alkohol – wenn niemand gepanscht hat – riecht man fast nicht. Aber wenn man zum Beispiel Weindunst verströmt, schätzen Frauen die Alkoholisierung ihres Gegenüber viel besser ein als Männer, wobei es jedem überlassen bleibt, für die feinere Nase der Damen eine plausible Erklärung zu finden oder sich zu fragen, was die Geruchswahrnehmung für Folgen hat.

Beim Alkoholtest muss man bekanntlich pusten. In dem Messgerät sorgt Schwefelsäure dafür, dass die ausgeatmeten Alkoholmoleküle (Ethanol) zu Essigsäure werden, während gleichzeitig ein gelbes Kaliumdichromat zu einem grünen Chromsulfat umgebildet wird. Die Farbänderung zeigt an, dass Alkohol in der Atemluft vorhanden ist. Wenn es hart auf hart kommt, muss die Polizei oder kann der getestete und als angetrunken verdächtigte Fahrer einen Blutest verlangen; denn im Blut sitzt und wirkt der Alkohol ja eigentlich. Dort hält sich ein Protein auf, das den langen Namen Alkoholdehydrogenase trägt, weil es in der Lage ist, dem Alkoholmolekül – C_2H_5OH – zwei Wasserstoffe abzunehmen, von denen eines auf ein anderes Molekül übertragen wird, das an der Reaktion teilnimmt und mit einem noch viel längeren Namen benannt wird. Es heißt Nicotin-Amid-Adenin-Dinukleotid und wird NAD abgekürzt. Merken sollte es sich nur, wer tiefer in die Details eindringen möchte. Wenn Alkohol im Blut vorliegt, wird aus dem NAD das NADH, das den Vorteil hat, sich durch Absorption von ultraviolettem Licht bemerkbar zu machen. Mit anderen Worten, es lässt sich mit spektroskopischen Mitteln erkunden, welche Menge von NADH und damit wie viel Alkohol im Blut zu finden ist. Auch wenn der oder die Untersuchte noch nicht lallt oder torkelt, kann man sagen, ob eine gesetzlich festliegende Höchstgrenze an Alkohol überschritten ist oder nicht. Derzeit gelten 0,5 Promille als Richtwert. Wer lediglich einen halben Liter Bier oder ein Viertel Wein trinkt, liegt gewöhnlich darunter. Das Internet bietet Promillerechner an, bei denen auch das Körpergewicht eine Rolle spielt. In meiner Jugend gab es so etwas nicht. Der auf unseren Partys durchgeführte Test zur Prüfung der eigenen Fahrtauglichkeit bestand darin, jemanden zu bitten, eine Postkarte mit dem unteren Ende zwischen Daumen und Zeigefinger erst zu halten und dann plötzlich loszulassen. Wer seine Finger rechtzeitig zusammenbekam und die Karte wieder auffangen konnte, wer also noch schnell genug reagierte, durfte sich zutrauen, das Auto sicher nach Hause zu steuern, wie wir meinten. Zum Glück ist diesem Partytest der polizeiliche Ernstfall erspart geblieben.

Noch etwas zu Bier und Wein. Früher hat man immer auf die

Frage, mit welchem Getränk man den Abend beginnen soll, den Spruch gehört: «Wein auf Bier, das rat ich dir, Bier auf Wein, das lasse sein.» Aber stimmt das auch? Ein Aperitif vorweg bleibt auf jeden Fall ratsam, wenn ein Abendessen folgt, weil der erste Alkohol im nüchternen Magen die Verdauungssäfte anregt, die nun für das Kommende besser gerüstet sind. Die Reihenfolge nach dem ersten Drink hat dagegen keine tiefere Bedeutung. Der Grund, mit Bier anzufangen, liegt einfach in der Konzentration des Rauschmittels Alkohol. Es zeigt auf diese Weise seine Wirkung langsamer, und wahrscheinlich kommt der Gast so besser durch den Abend, wenn der noch länger dauern sollte.

Erfreuen Sie sich auch an der Schaumkrone auf dem Bier? Sie besteht aus Proteinen; diese setzen sich auf die Bläschen, die von der aufsteigenden Kohlensäure gebildet werden, die sich im sprudelnden Gerstensaft befinden. Wenn zu wenig Proteine im Bier sind oder wenn Rückstände eines Spülmittels die Bläschen platzen lassen – und zwar durch Reduktion ihrer Oberflächenspannung –, zieht sich der schöne Schaum rasch zurück, was deutsche Biertrinker ärgert, während man sich in China daran gewöhnt hat. Beim schaumfreien Bier kann man schneller mit dem Trinken beginnen.

Und noch etwas zur Kohlensäure, die auch aufsteigt, wenn man eine Champagnerflasche öffnet. Da das edle Getränk unter hohem Druck gestanden hat, dehnt sich das frei werdende Gas nach der Entfernung des Verschlusses rasch aus. Das macht zum einen Plopp und hat zum anderen nach den Gesetzen der Physik die Abkühlung des Gases zur Folge. Man sieht deshalb einen weißen Hauch aus dem Flaschenhals aufsteigen und kann sich jetzt erst recht auf den kühlen Schluck und das Prickeln im Mund freuen.

Der Kühlschrank in der Küche

Was sich beim Öffnen einer Champagnerflasche beobachten lässt, nennt man fachlich korrekt eine adiabatische Expansion. Das ungewohnte Attribut hat einen griechischen Ursprung, der ein Hindurchgehen meint. Das System geht von einem Zustand in einen anderen über, ohne Wärme abzugeben, es mogelt sich also zwischen den Dingen hindurch. Im 19. Jahrhundert hatte die Physik alle Hände und Köpfe voll zu tun, um diesen Prozess zu verstehen. Hier reicht, dass es ihn gibt und es mit ihm gelingt, Gase abzukühlen, wenn man sie erst komprimiert und sich dann ausdehnen lässt. Im späten 19. Jahrhundert konnte das von Carl von Linde genutzt werden, um die traditionellen Eisschränke mit ihren Eisstangen durch moderne Kühlschränke mit ihren Kühlsystemen und bald sogar mit Kühlfächern zu ersetzen. Kalt aufbewahren wollten die Menschen ihre Lebensmittel schon immer, und zwar wegen der längeren Haltbarkeit, die mit niedrigen Temperaturen einhergeht. Einer der Pioniere der Wissenschaft, der Brite Francis Bacon, hat sich erst schwer erkältet und dann sogar den Tod geholt, als er die Kühlfähigkeiten von Schnee in seinem Garten systematisch erkunden wollte und meinte, auch in der Nacht Messungen vornehmen zu müssen.

Seit man Luft erst zusammenpressen und dann freilassen kann, stehen Küchen in der zivilisierten Welt Kühlschränke zur Verfügung, was weitere Fragen zu stellen erlaubt. Die erste soll ohne Antwort bleiben, obwohl sie nicht nur spaßeshalber wissen will, wie man sicher sein kann, dass das Licht im Kühlschrank aus ist, wenn die Tür zu ist. Die zweite fragt, ob es in der Küche kälter wird, wenn man die Kühlschranktür offen lässt. Die dritte wundert sich, warum die Tür besonders schwer aufgeht, wenn man sie unmittelbar wieder öffnen will, nachdem man sie geschlossen hatte.

Was die offene Kühlschranktüre angeht, so strömt zwar ein wenig der kalten Luft von innen nach außen, aber zugleich muss der Kompressor, der die Luft zusammendrückt, bevor sie sich ausdehnen und die erwünschte Kälte produzieren kann, mehr arbeiten. Dabei entsteht Hitze, wie man es von Maschinen kennt. Die Küche wird wärmer, wenn in ihr ein Kühlschrank brummt, und das wird eher schlimmer, wenn man dessen Tür offen lässt. Hinter diesem Phänomen stecken grundlegende Erkenntnisse der Thermodynamik, die auch erklären können, was passiert, wenn man den Kühlschrank erst schließt und danach sofort wieder öffnen will. In dieser Situation kühlt sich die eingeströmte Küchenluft innen rasch ab, was einen Unterdruck zur Folge hat. Dies bedingt eine Kraftwirkung auf die Tür, die jemand festzuhalten scheint, wenn sie erneut geöffnet werden soll. Man muss dies dann mit einem Ruck tun.

Ist ein Kühlschrank offen, zeigt der Blick in sein Inneres gewöhnlich mehrere Fächer, die von oben bis unten leicht unterschiedliche Temperaturen aufweisen, da kalte Luft etwas dichter (schwerer) ist und die Tendenz zeigt, abzusinken. Lebensmittel, die schnell verderben können, sollten daher im untersten Fach liegen und länger haltbare weiter oben. Gewöhnlich ist es im hinteren Teil einer jeden Ebene am kältesten. Bekannt dürfte die Empfehlung sein, im Kühlschrank keine Speisereste abzustellen, solange sie noch warm sind. Sie bringen dann die Verteilung der Temperaturen im Gerät durcheinander und erhöhen zudem den Stromverbrauch.

Aufmerksamen Nutzern von Kühlschränken, vor allem solchen, die im Sommer ihren Garten pflegen, fällt auf, dass Gemüsesorten wie Zwiebeln und Karotten in der dunklen Kälte weiterwachsen. Doch taten sie das nicht zuvor auch schon, nämlich unter der Erde, wo es auch kühl ist? Nichts Neues also im Kühlschrank. Verständlicher wird der Vorgang vielleicht, wenn man sich bewusst macht, dass Gemüsesorten danach selektioniert worden sind, raue Bedingungen zu überstehen, und sie sich eigens Knollen angelegt haben, um darin Energie und Nahrungsmittel für den eigenen Bedarf zu speichern. Wenn sie im Dunkel damit aussprießen, machen sie sich eigentlich auf die Suche nach dem Licht. Vielleicht macht jemand die Türe auf.

Vegan oder was?

In der Küche geht es nicht nur ums Kühlen, sondern vor allem um die Vorbereitung des Essens. Menschen im 21. Jahrhundert nehmen viele Nahrungsmittel zu sich, die nicht direkt von einem Bauernhof kommen, sondern industriell gefertigt und mit einem Haltbarkeitsdatum versehen sind, das irgendwo – wo genau? – auf den Verpackungen gedruckt ist. Während große Teile der Bevölkerung in den Nachkriegsjahren, in denen der Autor seine Kindheit verbrachte, froh waren, bei den Mahlzeiten überhaupt etwas auf dem Teller zu haben, sich zu den Feiertagen über Fleischportionen freuten und anschließend nicht genug Sahne auf die Erdbeertorte packen konnten, macht sich der verwöhnte Mensch in einer wohlhabenden Gesellschaft mit verwöhnten Konsumenten immer mehr Gedanken über seine Diät und die Kalorien, die mit dem Verzehr verbunden sind.

Diätratgeber und Kalorienzähler stehen in wohlhabenden Gesellschaften hoch im Kurs. Als derzeit letzter Schrei ist «vegan!» zu hören, was als ulkiges Wort in den 1940er Jahren aufkam. Damals hat der Brite Donald Watson aus dem englischen

Wort «vegetarian» («vegetarisch») die erste und die letzte Silbe herausgenommen und zu dem heutigen Modewort «vegan» zusammengesetzt. Er meinte damit rein pflanzliche Kost ohne jede animalische Beigabe. Der 1910 geborene Watson war auf einem Bauernhof aufgewachsen. Ihn entsetzte schon in sehr jungen Jahren, wie rücksichtslos Tiere geschlachtet wurden, damit Menschen Fleisch auf den Teller bekommen konnten. 1924 entschied der Vierzehnjährige, sich nur noch vegetarisch zu ernähren, also etwa von Nüssen, Äpfeln und verschiedenen Gemüsen zu leben; zwei Jahrzehnte später gründete er die UK Vegan Society. Als Watson im Alter von 95 Jahren starb, war er stolz, es seinen Kritikern gezeigt zu haben, die anfangs meinten, ohne tierische Produkte könne es weder ein gesundes Essen noch ein langes Leben geben.

Was müssen Menschen bei den Mahlzeiten zu sich nehmen, um gesund leben zu können? Als Erstes hört man seitens der Ernährungswissenschaft etwas von den essentiellen Aminosäuren; davon gibt es acht Stück. Sie heißen Isoleucin, Leucin, Lysin, Methionin, Phenylalanin, Threonin, Tryptophan und Valin, wobei die medizinische Analyse noch weitere solcher Moleküle kennt, die einem Körper zugeführt werden sollen, wenn er sich von einer Krankheit zu erholen versucht. Das Wort essentiell soll ausdrücken, dass Menschen – aus welchen evolutionären Gründen auch immer – nicht in der Lage sind, die genannten biochemischen Bausteine selbst anzufertigen, die benötigt werden, um die lebenswichtigen Proteine herzustellen, auf deren Funktionieren sich ihre Zellen verlassen müssen. Essentielle Aminosäuren müssen von außen kommen, also durch die Nahrung aufgenommen werden, und eine geeignete Kombination aus vegetarischer und veganer Kost kann das Erforderliche liefern. Unter den essentiellen Molekülen kommt dem Trio Valin,

Leucin und Isoleucin eine besondere Rolle zu. Das hat zu der Gewohnheit geführt, sie in der Intensivmedizin einzusetzen und Kraftsportlern als Nahrungsergänzungsmittel (NEM) zu empfehlen.

Zu den verbreiteten NEM zählen Vitamine, deren Name zu erkennen gibt, dass sie als vital oder lebenswichtig angesehen werden. Beim Stoffwechsel der Zellen entstehen zu wenig organische Verbindungen, weshalb es in den Läden ein reichliches Angebot an Vitaminpillen gibt, die nicht bedenkenlos geschluckt werden sollten und bei einer langfristigen Überdosierung Körpern schaden können. Verschiedene Vitamine werden durch große Buchstaben gekennzeichnet, etwa durch A, B, C und D. Sie haben alle ihre eigene Geschichte und tragen manchmal noch Nummern, etwa als Vitamin B12, das wasserlöslich ist und vom Körper gut gespeichert werden kann. Zu den bekanntesten Substanzen gehört das Vitamin C, das in der Geschichte der Seefahrt eine große Rolle gespielt hat. Als die ersten Weltumsegler im 18. Jahrhundert nach Europa zurückkamen, litten viele Matrosen unter Muskelschwund, Zahnfleischfäule und Gelenkentzündungen, bevor sie an Herzschwäche starben. Wie Ärzte nach und nach herausfanden, konnte frischer Zitronensaft die Symptome verhindern, und so wurden ab 1795 Zitrusfrüchte an Bord zur Pflichtsache. Heute weiß man, dass es das Vitamin C ist, das dem Obst seine gesundheitsfördernde Kraft gibt. Es hat damals den Matrosen geholfen und kann heute vor Erkältungen schützen. Die Biochemie erklärt die Wirkung von Vitamin C durch seine Fähigkeit, Moleküle abzufangen, die Zellen schädigen können. Es geht dabei um äußerst reaktive (aggressive) Chemikalien, die Sauerstoffe enthalten und den politisch klingenden Namen «freie Radikale» tragen. Vitamin C ist erst seit dem 20. Jahrhundert bekannt; die dazugehörigen

Forschungen nahmen ziemlich genau in den Jahren an Fahrt auf, in denen Donald Watson zum Vegetarier wurde.

Früchte sind gesund, wie der Erfinder des Veganen überzeugt war. Sogar die einstigen Kritiker pflanzlicher Ernährung haben inzwischen verstanden, dass ihr geschätzter Fleischkonsum auch negative Seiten haben und unter Umständen das Risiko erhöhen kann, an Krebs zu erkranken. Und so steht der ratlose Kunde heute vor Imbissbuden, die vegane Burger oder vegane Würstchen anbieten, und in den Regalen der Supermärkte findet man Sojamilch oder sogar Erbsenmilch. Damit ist kein Produkt von Kühen gemeint, sondern Extrakte aus Sojabohnen und Erbsen, die mit Wasser aufbereitet wurden. Vegane Milch enthält weniger Proteine, Vitamine und andere essentielle Nahrungsmittel als Kuhmilch. Industriell aber werden die erwähnten NEMs hinzugefügt. Auch wenn Donald Watson bis zuletzt gesund gelebt hat und Studien erkennen lassen, dass pflanzliche Ernährung das Krebsrisiko eher senkt und die Lebenserwartung erhöht, bedeutet das nicht, dass eine vegane Diät unbedingt zum Gesundbrunnen wird. Vegane Würstchen jeden Tag machen einen wahrscheinlich ebenso krank wie zu viele Hamburger mit Pommes frites. Vielleicht sollte man dem Rat meiner Mutter folgen. Sie meinte, es komme darauf an, ob einem das Essen schmeckt, und so nahm sich die kräftige Achtzigjährige ein weiteres Stück Sahnetorte und ließ es sich gut gehen.

In der Pflanzenwelt

Bevor man Pflanzen isst, kann man sie bewundern oder sich über sie wundern. Wenn man eines sicher über Pflanzen zu wissen meint, dann dies, dass sie über kein Gehirn verfügen. Haben sie aber auch keinen Geist?

Wer einen Garten pflegt, wird die Antwort verstehen, dass Pflanzen Geist ohne Gehirn repräsentieren. Denn es ist ihnen gelungen, die Menschen dazu zu bewegen, ihnen eigene Territorien einzuräumen, sich um ihr Wohlergehen zu kümmern und viel Geld für sie zu bezahlen, um sie etwa in Form frischer Blumensträuße in wassergefüllten Vasen auf Wohnzimmertischen zu genießen und sich überhaupt an ihrem Dasein zu erfreuen. Was können Pflanzen mehr wollen als eine derart bevorzugte Behandlung, selbst wenn sie zuletzt im Biomüll landen. Aber dann sind sie ja schon verwelkt und abgestorben. Es gibt demnach Geist ohne Gehirn, was mit der Überlegung zusammenpasst, dass es Augen nur gibt, weil es Licht gibt, und Flossen und Füße nur, weil es Wasser und einen Boden gibt. Das Gehirn gibt es nur, weil es Geist gibt, und beide sollen im Folgenden helfen, ein paar Fragen über pflanzliches Leben zu stellen.

Eben war von Schnittblumen in Vasen die Rede, und vielleicht hat sich jemand schon einmal gefragt, ob sie in dieser Lage weiterwachsen. Pflanzen gewinnen ihre Nährstoffe aus dem Boden. Sie legen dabei Vorräte an, von denen sie noch als Tischdekoration weiterleben können. In den Stängeln halten sie Vitalstoffe bereit; einige Pflanzen wachsen selbst dann noch, wenn diese Reserven verbraucht sind. Sie bilden jetzt keine neuen Zellen mehr, strecken dafür aber die alten in die Länge.

Rosen beherrschen diese Kunst der Verlängerung nicht, was sie biologisch eher uninteressant erscheinen lässt. Doch lässt sich bei der «Königin der Blumen» die Frage stellen, ob Rosen tatsächlich Dornen haben. «Keine Rose ohne Dornen», weiß der Volksmund, und er wird auch dabei bleiben, selbst wenn ihm Fachleute erklären, dass die Dornen der Rosen in der botanischen Wirklichkeit Stacheln sind. Der Unterschied besteht darin, dass ein Dorn im Inneren einer Pflanze entsteht, während sich ein Stachel aus Zellen an der Oberfläche zusammensetzt und nicht tiefer ins Gewebe eindringt. Die Rose will ja keinen Kavalier stechen, sondern sich vor Fressfeinden schützen, und dazu reichen die Stacheln allemal.

Zu den alten Rätseln der Wissenschaft gehört die Frage, ob Pflanzen Schmerzen empfinden und vielleicht auch Freude fühlen können. Übereinstimmung herrscht bei der Ansicht, dass Pflanzen nicht nur unbeweglich an ihrem Platz verharren und in Richtung Himmel wachsen, sondern dass sie auch registrieren, was um sie herum passiert. Sie können sowohl mit elektrischen Reizen als auch mit biochemischen Signalen umgehen und somit auf eingehende Informationen reagieren. In einigen Arten konnte man Hormone nachweisen, die den Botenstoffen ähneln, die bei Menschen für eine erhöhte Schmerzempfindlichkeit sorgen. Die Pflanzen tragen viele Geheimisse mit sich herum. Vermutlich locken sie deshalb neugierige Menschen an. In letzter Zeit hat die Wissenschaft darauf aufmerksam gemacht, dass das biologische Geschehen im Wald sogar ein «verwobenes Leben» erkennen lässt, zu dem nicht zuletzt die oftmals unbeachteten Pilze beitragen. Sie können nicht nur beeinflussen, wie Menschen fühlen, sie bauen auch Schadstoffe ab und wirken auf das Verhalten von Tieren ein. Pilze verfügen über eine eigene Intelligenz, ohne dazu ein Gehirn zu gebrauchen. Sie haben viele Netzwerke errichtet, und es lässt sich unschwer vorhersagen, dass sie dem forschenden Menschen noch manche überraschende Einsicht bereiten werden.

Allerdings darf man bei aller Liebe zum pflanzlichen Leben mit und ohne Pilze nicht übersehen, dass die grünen Mitbewohner der Erde die Menschen auch ziemlich ärgern können – etwa wenn sie als Brennnesseln Spaziergängern oder spielenden Kindern, die sie unabsichtlich berührt haben, juckende Hautrötungen mit Quaddeln verschaffen. Dafür ist ein chemischer Stoff namens Ameisensäure verantwortlich. Das Molekül schützt die Pflanze im Normalfall gegen Fressfeinde, aktiviert im menschlichen Körper aber einige Schmerzrezeptoren.

Während die Brennnessel trotz des ausgelösten Brennens traditionell als Heilpflanze angesehen und eingesetzt wird, gibt es auch Pflanzen, die dem Gegenteil dienen. Wir beschränken uns hier auf den Gefleckten Schierling, der im vorchristlichen Athen in zerstampfter Form bei Hinrichtungen gereicht wurde. Schließlich musste der berühmte Sokrates einen Schierlingsbecher trinken – warum eigentlich? Der in dem Gift enthaltende Wirkstoff stellt chemisch gesehen ein Alkaloid mit dem Namen Coniin dar, das Platz auf Nervenzellen findet und dabei deren Funktionsweise beeinträchtigt. Mit dem Gift im Körper breiten sich von den Füßen her Lähmungserscheinungen aus, die über das Rückenmark in das Atemzentrum gelangen. Das lässt den Vergifteten ersticken. Man kann angenehmer sterben. Um dem Verurteilten einen schmerzlosen Tod zu verschaffen, wurde dem Schierlingsbecher schon in antiken Tagen ein Mohnextrakt hinzugefügt.

Übrigens: Die Frage, warum der Gefleckte Schierling dieses bekannte Gift produziert, kennt nur die allgemeine Antwort, dass seine natürlichen Fressfeinde nach und nach ihre Lektion lernen werden und die Pflanze daher in Ruhe wachsen und gedeihen lassen – außer es kommen Menschen mit Tötungsabsichten, die sie dann ernten, pulverisieren und ihre Produkte verabreichen.

Tannengrün in Schnee und Eis

Warum behalten Tannen- im Gegensatz zu Laubbäumen in der kalten Jahreszeit die grüne Farbe ihrer Nadeln? Botanisch gesehen sind Nadeln Blätter mit einer festen Oberhaut. Eine zusätzliche Wachsschicht schützt sie gegen die zunehmende Kälte und verhindert das Austrocknen. Das ist eine wichtige Aufgabe, da Wurzeln aus einem gefrorenen Boden kein Wasser mehr an die Zweige nachliefern können. Im Sommer gelingt das einem Baum mit Hilfe eines als Osmose bekannten Vorgangs. Dabei werden Druckunterschiede aufgebaut, die ein Strömen erlauben, wie man früher in der Schule lernen konnte. Die lebensnotwendige Flüssigkeit wird bis zu den Blättern transportiert, wo sie verdampft. Das erzeugt einen leichten Unterdruck, mit dessen Hilfe das Wasser nachgepumpt werden kann. Dieses Transportproblem limitiert im Übrigen die maximale Höhe von Bäumen, die irgendwo zwischen 150 und 200 Metern liegt, wenn die Wissenschaft sich nicht verrechnet hat. Das bislang größte Exemplar stellt ein Blaugummibaum aus Australien dar, der zu den Eukalyptusarten zählt und es auf 132 Meter gebracht hat.

Das Grün der Tannen gefällt den Menschen in der Winterzeit. Aber warum kann man auf einer Eisfläche ausrutschen und Schlittschuh laufen? Physiker denken darüber seit dem 19. Jahrhundert nach. Schon früh hat man eine dünne Wasserschicht zwischen dem Eis und den Kufen ausgemacht und angenommen, dass dieser Gleitfilm durch den Druck zustande kommt, den Eisläufer und Eisläuferinnen ausüben. Tatsächlich sorgt eine lokale Druckerhöhung für eine ebenfalls lokale Senkung der Schmelztemperatur – die Physik kann dafür sogar ein Gesetz angeben. Aber der Effekt ist zu gering, um die Eleganz und Leichtigkeit des Gleitens verstehen zu können. Wichtiger ist die von der Bewegung der Kufen erzeugte Reibungswärme, die zu einem signifikanten Schmelzen der befahrenen Eisfläche führt. Physikalisch korrekt spricht man von der außergewöhnlich niedrigen Gleitreibung von Eis. Dies lässt sich auch auf das Skilaufen und Schlittenfahren übertragen, wobei die zuletzt genannten Winterfreuden noch eine schiefe Ebene brauchen, die es mit Schwung hinabgeht.

Dass es tatsächlich die Reibungswärme ist, die das Schlittschuhlaufen ermöglicht, zeigt ein Experiment. Dabei wird ein Kupferdraht, an dessen beiden Enden je ein Gewicht befestigt ist, über einen Eisblock gebreitet. Man beobachtet, dass sich der Draht innerhalb einiger Stunden durch das Eis hindurcharbeitet. Ersetzt man das wärmeleitende Kupfer dagegen durch einen Nylonfaden, schaffen es die Gewichte nicht, ihn durch den Block zu ziehen. Nur mit Druck allein und ohne Hitze schmilzt da nichts.

Während sich diese spielerischen Fragen gut klären lassen, gibt es ernste Themen bei Eis und Schnee, die nach Auskunft der Geologie und Meteorologie helfen können, die Zukunft des Planeten Erde besser in den Blick zu bekommen. Wenn die nachfolgend aufgeführten Fragen auch harmlos klingen, so stellt ihre Beantwortung immer noch eine Herausforderung für die Wissenschaft dar:

Wie entsteht Eis überhaupt? Wie kommt der globale Wasserkreislauf mit Eiswolken und Regentropfen mit seinen Auswirkungen auf das Erdklima zustande? Kann sich die Eisstruktur ändern? Kann sie Hohlräume umschließen? Gibt es neben den Schneeflocken andere kristalline Formen von Wasser? Gibt es Eis auf Kometen, etwa in einer amorphen Anordnung? Können im Eis chemische Reaktionen ablaufen? Im Weltraum hat man organische Moleküle auf Eisbrocken gefunden. Wie sind die dahin gekommen? Wie lange bleibt das Eis auf der Erde erhalten? Lassen die derzeitigen Beobachtungen der arktischen Schmelze Vorhersagen über das Verschwinden von Eis zu?

Diese und weitere Fragen versucht ein International Global Atmospheric Chemistry Project zu beantworten, das ein Air-Ice-Interactions-Programm auf die Beine gestellt hat und hofft, mit einem Millionenbudget einige Antworten liefern zu können. Vielleicht hängt die Zukunft der Erde von der Chemie ab, die in Eis und Schnee steckt. Sie gehören mit zu dem System, das immer mehr Menschen am Leben hält.

Reibereien

«Denn die einen sind im Dunklen, und die anderen sind im Licht. Und man sieht nur die im Lichte, die im Dunkeln sieht man nicht», wird in Brechts *Dreigroschenoper* gesungen. Was sich im Theater auf Menschen bezieht, lässt sich in diesem Buch auf Kräfte anwenden. Denn es gibt einige – höchst wichtige sogar – unter ihnen, die kaum Beachtung finden und eher als lästig abgetan werden. Gemeint sind all die Phänomene, die man unter dem Begriff «Reibung» zusammenfassen kann – wobei die Wissenschaft viel genauer vorgeht und Haft-, Gleit-, Roll-, Wälz-, Bohr- und Seilreibung unterscheidet. Reibungen ereignen sich vor allem zwischen Oberflächen – Autoreifen auf Asphalt, Schuhsohlen auf Wanderwegen, Flusswasser an Ufern und auf Böden, Sternschnuppen in der Erdatmosphäre. In Fachkreisen begegnet man der Ansicht, dass die von Menschen bewohnte Welt ihr Aussehen vor allen Dingen zahllosen Reibungsvorgängen verdankt. Was spielt sich im Detail ab, wenn zwei Oberflächen in Kontakt kommen und übereinandergleiten oder aneinanderhaften sollen?

Um Physik geht es, wenn etwa ein Golfball mit seinen Dellen durch die Luft seinem Ziel entgegenfliegt. Es kann aber auch die Biologie ins Spiel kommen, beispielsweise dann, wenn einige Geckos mit ihren Füßen, an denen sich Milliarden von Härchen im Nanometerbebreich finden, kopfüber an Glasscheiben hochlaufen. Wissenschaftler, die sich mit Reibung beschäftigen und zum Beispiel die Wärmeentwicklung verstehen wollen, die man an der Hand spürt, wenn man ein Seil zu schnell durchlaufen lässt, oder die zu schmerzhaften Hautabschürfungen führt, wenn man beim Spielen auf einem Schotterplatz ins Rutschen gerät – diese Wissenschaftler machen für ihr Fach gerne Werbung, indem sie erwähnen, dass weltweit ein Fünftel des Energieverbrauchs dazu dient, Reibungskräfte in den unterschiedlichsten Formen zu überwinden. Beim Transportsektor allein werden 30 Prozent der aufgewendeten Energie zum Anrennen gegen die Reibung eingesetzt. Könnte man nicht die Oberflächen von Schiffen so versiegeln, dass sie leichter durchs Wasser gleiten können?

Ein Golfball weist bekanntlich einige Hundert Dellen oder Dimples auf, die helfen, seine Flugeigenschaften zu verbessern. Beim Abschlag wird der Ball in eine Rotation versetzt. Die Dellen sorgen dabei für kleine Verwirbelungen, die insgesamt weniger Luftwiderstand liefern als eine glatte Oberfläche, selbst wenn das verwunderlich klingt. Und Geckos sorgen mit ihren Härchen für eine Adhäsion, die Physiker mit elektrostatischen Kräften erklären. Um haften zu können, muss die Glasscheibe trocken sein. Auf nassen Flächen oder mit feuchten Füßen rutschen Geckos aus. Da das Leben hier Strukturen von Nanogröße einsetzt, bietet sich der Wissenschaft vielleicht ein Weg, weiter in das Innere der Welt vorzudringen und zu fragen, ob es im Bereich der Atome auch zu Reibungen kommt. Hier gibt es keine

Oberflächen mehr, aber vielleicht Schnittstellen, wie man sie auch bei der Zusammenschaltung elektronischer Geräte kennt. Überall Friktionen. Ohne Reibung passiert nichts, und man rutscht weg. Und ins Rutschen kommt man vor allem, wenn man sich nicht angemessen um die Reibung kümmert.

Was ist der Mensch?

Wie angekündigt, folgt noch eine kurze Anmerkung zu einem der größten Themen des Denkens. Es geht um das Suchen nach Antworten auf die Frage: «Was ist der Mensch?» Immanuel Kant hat vorgeschlagen, aus dieser einen lieber drei Fragen zu machen, nämlich: «Was können wir wissen?», «Was sollen wir tun?» und «Was dürfen wir hoffen?» Warum das Trio zusammen die Ausgangsfrage abdeckt, soll hier nicht erörtert werden, um möglichst rasch zu den Antworten zu kommen, die nach Ansicht des Verfassers erkennen lassen, was der Mensch ist, der auf der Erde lebt und dabei von Leben umgeben ist, das auch leben will, wie Albert Schweitzer einmal gesagt hat.

Die erste Frage lautet: «Was können wir wissen?» Und die Antwort heißt: Menschen können herausfinden und wissen, wo ihre Grenzen liegen – die Grenzen der Wahrnehmung, die Grenzen des Wissens, die Grenzen des Himmels, die Grenzen der körperlichen Leistungsfähigkeit, die Grenzen der Lebenszeit und manche Grenze mehr.

Die zweite Frage lautet: «Was sollen Menschen tun?» Und die Antwort heißt: Sie sollen und werden versuchen, diese Grenzen zu verschieben oder zu überwinden – durch den Bau von optischen Geräten, durch das Verfassen von Büchern, durch das Voranbringen von Wissenschaft und Technik, durch besonderes Training, durch sorgfältige Auswahl der Nahrung und geeigneter Medikamente und durch zahlreiche weitere Möglichkeiten, sich Grenzen zu nähern und sich ihnen zu stellen.

Und die dritte Frage lautet: «Worauf dürfen Menschen hoffen?» Die einfache Antwort darauf lautet: Sie dürfen hoffen, dass es ihnen gelingt, was sie sich vorgenommen haben und immer wieder versuchen werden. Bei einer erweiterten (zweifachen) Antwort könnte hinzugefügt werden, dass Menschen damit rechnen können, sich in der Lage zu zeigen, nichts im Übermaß zu tun, damit ihnen auf diese Weise gelingt, sich auf der Welt so aufzuführen, wie es ein Schild auf öffentlichen Toiletten verlangt: Verlassen Sie diesen Ort bitte so, wie Sie ihn vorzufinden wünschen. Die Frage ist nur, ob man unter dieser Vorgabe verbindlich sagen kann, was zu tun ist – bevor die Sterne vom Himmel stürzen und mit ihnen die Hoffnungen der Menschen über ihre Köpfe hinwegfahren. Diese Hoffnungen laufen seit dem letzten Jahrhundert unter dem Namen der Nachhaltigkeit. Er steht auf dem Schild, das den Menschen den Weg weist. Jetzt müssen sie ihn gehen. Sonst wird sich die Sonne verfinstern, der Mond wird seinen Schein nicht geben, und die Sterne werden vom Himmel fallen, wie es prophezeit worden ist.

6

Das Fragen nach der Wahrheit

Nicht die Wahrheit, in deren Besitz irgendein
Mensch ist oder zu sein vermeinet, sondern die
aufrichtige Mühe, die er angewandt hat,
hinter die Wahrheit zu kommen,
macht den Wert des Menschen aus.

Gotthold Ephraim Lessing (1777)

Es ist nicht nur so, dass unterschiedliche Menschen mit der Wahrheit unterschiedliche Vorstellungen verbinden. Es gibt auch nicht nur eine, es gibt viele Arten, sich um die Wahrheit zu bemühen. Einige Fragen dazu lauten: Können Menschen die Wahrheit aufspüren und ihr gegenübertreten? Gab es Momente oder Epochen, in denen kreative Geschöpfe dazu in der Lage und der Wahrheit nahe gekommen waren? Was konnten sie in diesem Fall sehen? Und was ist in dem Augenblick in ihnen vorgegangen und danach mit ihnen passiert? Haben sie und andere Menschen den Glanz der Wahrheit ausgehalten? Waren sie bereit, ihr Leben für ihre Schönheit zu opfern? Wie gefährlich ist der Besitz der Wahrheit? Ist die von einem Menschen erkannte Wahrheit anderen zumutbar?

Die zuletzt genannte Frage geht auf die Schriftstellerin Ingeborg Bachmann zurück. Sie wurde 1959 mit dem Hörspielpreis der Kriegsblinden geehrt und hat sich mit einer Rede bedankt, in der sie wundersam und kühn meinte: «Die Wahrheit ist dem Menschen zumutbar.» Ingeborg Bachmann sprach in ihrer Rede zum einen von der Möglichkeit der Schriftsteller – sie verwendet hier das generische Maskulinum –, «die anderen zur Wahrheit zu ermutigen», und erwähnte zum Zweiten die Aufgabe genau dieser anderen, «die Wahrheit von ihm [dem Schriftsteller, zu] fordern», um Menschen «in den Stand» zu versetzen, dass «ihnen die Augen aufgehen». «Die Wahrheit nämlich ist dem Menschen zumutbar», wie sie den Kriegsblinden eindringlich versicherte und womit sie dem Autor als jungem Mann einen Satz geschenkt hat, der ihn sein Leben lang nicht mehr loslassen sollte. Ihm ging und geht es dabei nicht um Glaubenswahrheiten und auch nicht um die Wahrheit, die man vor einem Gericht zu sagen schwört. Ihm ging und geht es um die Einsichten der Naturforschung, die ihm immer schon mehr als nur richtig erschienen sind.

Am Ende des 20. Jahrhunderts schienen die Naturwissenschaften so viele alltagsrelevante Fortschritte gemacht zu haben, dass sich die Medien sorgten, ob ihre vielen Ergebnisse allen Menschen zugemutet werden können oder ob man vielleicht besser daran täte, Teile des Volks zu täuschen und in einem beruhigenden Irrtum verharren zu lassen. Das ist keine ganz neue Frage: Bereits im Jahr 1780 – also zu Zeiten der Aufklärung – hat die Berliner Akademie der Künste diese Frage öffentlich gestellt und für ihre Beantwortung einen Preis ausgesetzt. Und tatsächlich: Wer kann denn heute mit den unentwegt einlaufenden Informationen zum bedrohlichen Klimawandel, zum beängstigenden Artensterben, zur zunehmenden Knappheit an Ressourcen und zum unerträglich wachsenden Schuldenberg vieler Nationen überhaupt noch zurechtkommen und die erstaunliche Wissensvielfalt verarbeiten und einordnen? Wer kann mit den täglich über immer mehr Kanäle und in immer bunter werdenden Bildern auf das Publikum zuströmenden Auskünften zu steigenden Erdtemperaturen, wachsenden Atomwaffenarsenalen, bedrohlich zunehmenden Flüchtlingszahlen, steigender Korruption auf höchsten Ebenen und einer in immer neuen Wellen anrollenden Pandemie noch ruhig schlafen, vor allem, wenn sich – was das letzte Beispiel angeht – die Experten weltweit einig zeigen, dass Zoonosen eher die Regel als die Ausnahme sind, dass man also in Zukunft mit weiteren Infektionskrankheiten rechnen muss, die von Tieren auf Menschen überspringen und Pandemien auslösen können? Sind diese bedrohlich und einschüchternd wirkenden Tatsachen als wissenschaftlich feststellbare Wahrheiten den Menschen wirklich zumutbar? Kein Wunder, dass sich Querdenker davon abwenden und in ihre eigene Welt zurückziehen, die sie meinen überblicken zu können.

Kränkungen

Die Wahrheiten der Wissenschaften können leicht den Eindruck von Kränkungen erwecken. Sigmund Freud, der Vater der Psychoanalyse, hat sogar von unzumutbaren Kränkungen geschrieben, als er 1917 ziemlich ungehalten auf «Eine Schwierigkeit mit der Psychoanalyse» zu sprechen kam. Freud irritierte damals, dass sich viele seiner Patienten entsetzt von seiner ihnen unzumutbar erscheinenden Idee abwandten, ihre psychischen Probleme mit unbewussten sexuellen Orientierungen zu erklären. Er reagierte darauf, indem er die eigenen Erkenntnisse kühn in eine Reihe mit Nikolaus Kopernikus und Charles Darwin stellte und behauptete, ihm sei dasselbe gelungen wie den beiden Großen der Wissenschaft, nämlich die Menschen dadurch zu kränken, dass er ihnen eine unzumutbare Wahrheit verkündete.

Kopernikus – so meinte Freud – habe die Menschen gekränkt, weil er sie aus der Mitte der Welt vertrieben und an den Rand gedrängt habe. Darwin hingegen habe die Menschen gekränkt, weil er sie vom Thron der Schöpfung gestoßen und zu einer Art unter vielen degradiert habe. Und Freud selbst meinte, den Menschen deutlich gemacht zu haben, dass sie keinesfalls Herrn im eigenen Haus seien, da ihr bewusst planendes Denken verborgen bleibenden Quellen entspringe, die unbewusst entscheiden, wie Menschen sich verhalten. Das sind Wahrheiten, wie die Wissenschaft sie verkündet, und sie kränken Menschen und können ihnen deshalb nicht zugemutet werden, ohne seelische Schäden zu hinterlassen, wie Professor Freud meinte.

Die genannten drei Kränkungen werden selbst im 21. Jahrhundert so oft wiederholt, dass es scheint, es habe sie wirklich gegeben. Tatsächlich aber könnte nichts weiter von der Wahrheit entfernt sein. Als Kopernikus die Erde aus der Mitte nahm, da rückte er die Menschen auf ihrem Planeten näher zu ihrem Gott hin, der spätestens seit Dantes *Göttlicher Komödie* außen – also hoch oben und weit weg von der schmutzigen Mitte – seinen Platz hatte. Als Darwin seine Idee der Evolution vorstellte, ließ er den Menschen, wo er war, nämlich an der Spitze der Entwicklung, nur dass *Homo sapiens* diese Position nun nicht mehr einem Gott, sondern sich selbst verdankte und auch so beanspruchte. Und als Freud sich seinen Patienten zuwandte, da wussten die Menschen schon längst, dass es etwas Göttliches gibt, das ihrem Dasein Bedeutung verleiht und ihre Handlungen beeinflusst. Nur hatte sich dessen Position von außen nach innen verschoben. Gott agierte längst aus den Menschen selbst heraus und kommandierte sie nicht von oben herab.

Kurzum – erst rückten die Menschen näher an Gott heran, dann setzten sie sich an seine Stelle, und zuletzt holten sie ihn zu sich hinein. Sie können stolz auf diesen dreifachen Triumph der wissenschaftlichen Wahrheit sein, die alles andere als unzumutbar ist, wenn man sie richtig darstellt. Unzumutbar ist nur, wenn die Kopernikanische und die Darwin'sche Revolution als Kränkungen verkauft werden. Eine säkulare Gesellschaft, die weder Kopernikus noch Darwin in ihr Weltbild integriert hat, muss sich fragen lassen, was man ihr überhaupt an wissenschaftlicher Wahrheit zumuten und an Allgemeinbildung anbieten kann.

Um die Zumutbarkeit von Wahrheiten zu prüfen, soll noch einmal der Blick auf die Gene oder das Genom geworfen werden, deren Erkundung den Menschen plötzlich eher mickrig dastehen lässt. Nicht mehr Gene als ein Wurm! Wie soll das Ebenbild Gottes mit dieser Wahrheit leben? Man kann natürlich umgekehrt fragen, wie man jemals ernsthaft der Ansicht sein konnte, dass Menschsein seine besondere Qualität ausgerechnet durch eine Quantität bekommt, durch die Anzahl von Genen zum Beispiel – wobei daran zu erinnern ist, dass sich diese hurtigen Elemente einer Zelle gar nicht genau definieren lassen. Wenn überhaupt, dann zählt das Dynamische und flexibel Veränderliche am Genmaterial! Dementsprechend sollten die Freunde der Wahrheit eher erkunden, wie viele Kombinationen aus menschlichen DNA-Sequenzen gebildet werden können und wie der Körper den permanenten genetischen Umbau in allen Lebensstufen steuern kann, ohne dabei den Überblick zu verlieren.

Die Wahrheit wird euch frei machen

Wenn eben von Genen die Rede war, dann sind damit natürliche Entwicklungsprozesse und keine äußeren Eingriffe wie die gemeint, die seit den 1970er Jahren mit Hilfe sogenannter gentechnischer Methoden durchgeführt werden können und für die heute eine höchst raffinierte Schere mit Namen CRISPR zur Verfügung steht. Mit diesen molekularen Werkzeugen lassen sich Gene im Wortsinne manipulieren. Welche Wahrheit ist den Betroffenen dabei zumutbar?

Vielleicht erinnern sich einige noch an die große Impfaktion gegen die Kinderlähmung zu Beginn der 1960er Jahre. Als Impfstoff diente damals die abgeschwächte Form des Poliovirus, die sich von der gefährlichen Variante, die ganze Leben zerstören konnte, nur um zwei lächerliche Mutationen unterschied, wie sich heute in aller Ruhe sagen lässt. Doch hätte man dieses Wissen den Menschen damals zumuten können? Wie viele hätten sich mit dieser Information der Impfung verweigert – trotz der schönen Werbung, die das Erste Deutsche Fernsehen damals zeigte: «Kinderlähmung ist grausam, Schluckimpfung ist süß.» Und warum verweigern heute so viele Querdenker den Schutz vor einer Infektion? Fürchten sie, dass die Wahrheit ihnen ihre Freiheit nimmt?

In der Bibel steht etwas anderes: «Die Wahrheit wird euch frei machen.» So kann man es im Johannesevangelium 8,32 lesen, aber nicht nur hier. Die Wahrheit wird euch frei machen. So findet man es auch in goldenen Lettern auf einer der Außenfassaden der Universität Freiburg. Und so steht es auch – in Englisch – auf dem Emblem des California Institute of Technology in Pasadena – «The Truth Shall Make You Free», wobei der Spruch eine Fackel umrundet. Wahrheit hat offenbar sowohl mit dem Glauben als auch mit dem Wissen zu tun. Das muss allen gefallen, die der Meinung sind, dass Wahrheit sich nicht unbedingt mit Klarheit verträgt. Der große dänische Physiker Niels Bohr meinte sogar, die eigentliche Lektion der Atome bestehe in der Einsicht, dass zwar das Gegenteil einer richtigen Aussage eine falsche ist, dass aber das Gegenteil einer wahren Aussage eine andere wahre Aussage ergibt. Wenn man feststellt, dass Licht aus Wellen besteht, dann trifft das sicher zu, aber es gilt auch, dass Licht als Strom von Teilchen auftritt. Wer den Gedanken von Bohr positiv wenden will, kann sagen, dass sich die Wahrheit über das Licht im Besonderen und die Welt im Allgemeinen nur so ausdrücken lässt, dass sie ihr Geheimnis behält. Die Wahrheit macht die Menschen frei, und zwar schlicht und einfach deshalb, weil sie ihnen eine Wahl gibt.

Das Geheimnis der Wahrheit

Die Wahrheit bleibt also geheimnisvoll, und das heißt, man muss sich um sie bemühen. Wer sich finden will, muss sich an die Arbeit machen und um die Wahrheit kämpfen. Diese Wendung gibt Gelegenheit, den Blick von der anvisierten Wahrheit weg hin zu den nach ihr suchenden Menschen zu werfen, denen Ingeborg Bachmann mit ihren Schriften die inneren Augen öffnen möchte. Dramatisch gefragt: Welche Wahrheit über den Menschen zeigt sich unter diesem Blickwinkel?

Eine erste Antwort ist zu Beginn des Buches versucht worden: Menschen können als die Lebewesen verstanden werden, die erst ihre Grenzen kennenlernen und dann versuchen, sie zu überwinden, wobei sie nur hoffen können, dass ihnen dieser Schritt gelingt. Will man eine zweite Antwort versuchen und im naturwissenschaftlichen Rahmen mit den Bedingungen der

Evolution argumentieren, kann man sagen, dass Menschen ihre Existenz einem Überlebenskampf verdanken. Diese Wahrheit zeigt, was *Homo sapiens* am besten kann: kämpfen. Menschen sind Kampfnaturen, die den historischen Überlebenskampf gewonnen haben, die sich allen möglichen sportlichen Wettkämpfen stellen, die sich immer wieder auf Wahlkämpfe und Redeschlachten freuen und selbst in TV-Talkrunden die Konfrontation suchen. Zwar verkündet die Bibel: «Die Wahrheit wird euch frei machen», aber um diese Wahrheit müssen die Menschen kämpfen. Sie fällt ihnen nicht in den Schoß und erst recht nicht vom Himmel. Der fromme christliche Wunsch «Friede sei mit euch!» führt Menschen in die Irre. In Frieden leben, das hält kein Mensch aus. Im Paradies langweilen sich evolutionär gewordene Wesen zu Tode und können nur die Flucht ergreifen, was Adam und Eva ja auch getan haben. So haben sie allen anderen geholfen, aus dem Paradies des Unwissens zu entkommen, das unerträglich ist. Die Wahrheit, die Menschen frei macht, finden sie nur außerhalb des Gartens Eden.

Der Wahrheit gegenübertreten

Der große Physiker Werner Heisenberg musste sich als Jugendlicher um 1920 entscheiden, ob er Musik oder Physik studieren sollte, und er hat die Naturwissenschaft gewählt in der Annahme, dass man dort im 20. Jahrhundert erleben könne, was zu Lebenszeiten von Mozart und Schubert in der Musik möglich war, nämlich der Wahrheit gegenüberzutreten. Heisenberg konnte solch eine kühne Sicht 1969 in seiner Autobiographie beschreiben, weil ihm genau dieser Schritt 1925 auf Helgoland gelungen war. Er war damals als Vierundzwanzigjähriger der Wahrheit persönlich gegenübergetreten, als sich vor seinen Augen in tiefer Nacht ein «Grund von merkwürdiger innerer Schönheit» auftat. Aus diesem Anblick ist die moderne Physik der Atome hervorgegangen. Als Quantenmechanik gehört sie nicht nur zu den wichtigsten philosophischen Ereignissen des 20. Jahrhunderts, sondern erlaubt es Ingenieuren und Unternehmen auch, Produkte anzufertigen, die mehr als 30 Prozent der Weltwirtschaftsleistung ausmachen. Zu den traurigen Wahrheiten der Moderne zählt die Feststellung, dass weder die Philosophen noch die Historiker sich auf diese Entwicklung einlassen, was hier aber nicht weiter analysiert werden soll. Stattdessen soll berichtet werden, was das Erblicken der Wahrheit mit dem jungen Heisenberg gemacht hat, der allein in seinem Zimmer auf Helgoland saß. Er erzählt selbst, dass an Schlaf nicht zu denken war und er noch im Dunkel der Nacht sein Zimmer verließ, um einen Felsturm zu erklimmen, den es heute leider nicht mehr gibt, weil die Briten ihn im Zweiten Weltkrieg gesprengt haben. Man weiß nur, dass das Erklettern dieses Felsens selbst tagsüber riskant war, aber das störte den erregten jungen Mann jetzt in der Morgendämmerung nicht, hatte er doch Goethes *West-östlichen Diwan* auswendig gelernt und die «Selige Sehnsucht» im Kopf, die vom Flammentod spricht und dem Kletterer zuflüstert: «Und so lang du das nicht hast, Dieses: Stirb und werde! Bist du nur ein trüber Gast auf der dunklen Erde.»

Wer die Wahrheit gesehen hat, ist dazu bereit. «Stirb und werde!» Heisenberg ist kein trüber Gast auf dunkler Erde. In seiner Wissenschaft wird es Tag, und der junge Mann auf Helgoland strahlt vor Glück. Die alte Physik ist tot. Es kommt die neue! Heisenberg wartet auf der Spitze des Felsturms auf den Sonnenaufgang, und dann kehrt er zurück in die Welt, der sich jetzt die vielen neuen Möglichkeiten bieten, die sie nutzen wird.

Ist die Wahrheit über die Atome dem Menschen zumutbar? Heisenberg zumindest reagierte auf ihren Anblick mit Todessehnsucht. Vielleicht sollten einfachere Gemüter vorsichtiger mit dem großen Gut umgehen.

Gedanken zur Wahrheit

In den *Notizbüchern* von Raymond Chandler findet sich unter dem Datum vom 19. Februar 1938 ein Eintrag unter der Überschrift «Großer Gedanke» («Great Thought»). Er lautet: «Es gibt zwei Arten von Wahrheit: Die Wahrheit, die den Weg weist, und die Wahrheit, die das Herz wärmt. Die erste Wahrheit ist die Wissenschaft, und die zweite ist die Kunst. Keine ist unabhängig von der anderen oder wichtiger als die andere. Ohne Kunst wäre die Wissenschaft so nutzlos wie eine feine Pinzette in der Hand eines Klempners. Ohne Wissenschaft wäre die Kunst ein wüstes Durcheinander aus Folklore und emotionaler Scharlatanerie (‹emotional quackery›). Die Wahrheit der Kunst verhindert, dass die Wissenschaft unmenschlich wird, und die Wahrheit der Wissenschaft verhindert, dass die Kunst sich lächerlich macht.»

Der aus Berlin stammende und 1969 mit dem Nobelpreis für Medizin ausgezeichnete Max Delbrück hat in den späten 1970er Jahren seine letzte Vorlesung am California Institute of Technology in Pasadena gehalten. Kurz vor seinem Tod im Jahr 1981 hat Delbrück mich gebeten, aus seinen Notizen ein Buch zu machen, was gemeinsam mit Freunden gelungen ist. 1986 konnten dann Delbrücks Ausführungen «über die Evolution des Erkennens» unter dem Titel *Wahrheit und Wirklichkeit* erscheinen. Zu Beginn des Buches trifft Delbrück die Unterscheidung: «Wahrheit bezieht sich auf Wissen, Wirklichkeit bezieht sich auf die

Objekte des Wissens», um dann beim Überblick über das von der Naturforschung Gefundene «drei naive Fragen», wie er sagt, zu stellen:

1*

Wie können wir eine Theorie des Universums ohne Leben – und daher ohne Geist – entwerfen und dann erwarten, dass sich Leben und Geist irgendwie aus diesem unbelebten und unbeseelten Anfang heraus entfalten?

2*

Wie können wir die Evolution der Organismen ersinnen, bei der der Geist streng als adaptive Antwort auf den Selektionsdruck konzipiert ist, der solche Exemplare bevorzugt, die sich mit dem Leben in der Höhle zurechtfinden, und dann erwarten, dass dieser Geist in der Lage ist, die tiefgründigsten Einsichten in die Mathematik, die Kosmologie, die Materie, in die allgemeine Ordnung des Lebendigen und den Geist selbst hervorzubringen?

3*

In der Tat, ist es überhaupt sinnvoll, den Standpunkt einzunehmen, dass die Fähigkeit, die Wahrheit zu erkennen, aus toter Materie entstanden ist?

Gute Fragen. Um Vorschläge wird gebeten.

«Sag mir, warum!»

Im November 2021 hat das britische Wissenschaftsmagazin *New Scientist* seinen 65. Geburtstag damit gefeiert, dass die Redaktion ihren Leserinnen und Lesern dreizehn Warum-Fragen vorlegte, von denen sie meinte, dass man über sie bereits gerätselt habe, als *New Scientist* gegründet wurde. «Tell me why» – so lautete die Überschrift, und hier kommen die Fragen, auf die keine Antwort versucht wird.

Warum gibt es etwas und nicht nichts?

Warum existieren wir?

Warum gibt es eine Evolution?

Warum bewegt sich die Zeit nur vorwärts?

Warum gibt es das Gute und das Böse?

Warum ist das Universum genau richtig?

Warum gibt es Bewusstsein?

Warum gibt es Trauer?

Warum ist die Quantentheorie so merkwürdig?

Warum gibt es eine kosmische Grenze der Geschwindigkeit?

Warum sind wir irrational?

Warum haben wir noch nichts von Aliens gehört?

Warum ist das Universum verständlich?

Es sei einem Deutschen erlaubt, die britischen dreizehn Fragen um eine Frage zu ergänzen, die einen beliebten Ausdruck aufgreift, nämlich das «Es gibt». Es gibt so viel in der Welt, nicht zuletzt das Wort «Es gibt». Es stammt von Menschen und kann sich nur auf etwas beziehen, das ihnen zugehört. Für Menschen gibt es nur die Welt, in der sie sagen können, dass es etwas für sie gibt. Für wen denn sonst?

Zum Schluss

Erich Kästner

Wieso Warum?
Warum sind tausend Kilo eine Tonne?
Warum ist drei mal drei nicht sieben?
Warum dreht sich die Erde um die Sonne?
Warum heißt Erna Erna statt Yvonne?
Und warum hat das Luder nicht geschrieben?

Warum ist Professoren alles klar?
Warum ist schwarzer Schlips zum Frack verboten?
Warum erfährt man nie, wie alles war?
Warum bleibt Gott grundsätzlich unsichtbar?
Und warum reißen alte Herren Zoten?

Warum darf man sein Geld nicht selber machen?
Warum bringt man sich nicht zuweilen um?
Warum trägt man im Winter Wintersachen?
Warum darf man, wenn jemand stirbt, nicht lachen?
Und warum fragt der Mensch bei jedem Quark: WARUM?

Einige Antworten zu
offenen Fragen im Text

Seite 19:

In einem Wassertropfen kann es zu dem kommen, was Physiker Total-reflexion nennen, so dass ein Lichtstrahl zweimal in einem solchen kugelförmigen Gebilde umlaufen kann. Dies gibt der Natur bei ausreichender Intensität des Lichtes die Möglichkeit, zwei Regenbogen an den Himmel zu malen, wobei die Farben in umgekehrter Reihenfolge auftreten. Zwischen den beiden Bögen liegt eine dunkle Zone, die René Descartes bereits aufgefallen war, ohne dass er sie erklären konnte.

Seite 63:

Wer auf der Erde lebt, dreht sich mit ihr, wobei die dazugehörige Geschwindigkeit zum Äquator hin ihr Maximum annimmt. Wer Raketen in den Himmel schießen und dafür sorgen will, dass sie den Bereich der spürbaren Erdanziehung verlassen, muss ihnen eine ausreichend große Geschwindigkeit verpassen, die Fachleute als Fluchtgeschwindigkeit bezeichnen. Sie liegt für die Erde bei etwas über 11 km/sec, wobei der genaue Wert hier nicht interessiert, dafür aber der Hinweis, dass die Rakete, wenn sie vom Äquator aus abgeschossen wird, ihre Reise durch die Erddrehung mit einer Geschwindigkeit von 1670 Kilometern pro Stunde beginnt, was etwa einen halben km/sec ausmacht. Man merkt diese Drehung selbst nicht, weil sich alles andere mitbewegt.

Seite 74:

Über die Farben des Mondes kann man verschiedene Auskünfte bekommen. Was einem selbst als Beobachter innerhalb der Erdatmosphäre wie eine silberne oder gelblich glänzende Scheibe erscheint, zeigt von außerhalb ein prächtiges Grau mit braunem Stich. Spektakulär wirkt der kupferrote Mond, der so leuchtet, wenn er der Erde näher als gewöhnlich kommt. Die spektakuläre Farbe verdankt er den langwelligen Anteilen des Sonnenlichts, die am besten durch die Erdatmosphäre kommen und ihn beleuchten.

Seite 82:

Wer wissen will, warum sich Dummheiten häufig als langlebiger erweisen als richtige Einsichten, erwartet vielleicht Antworten mit Hilfe von Beispielen. Zu den größten und nicht loszuwerdenden Dummheiten gehört die Behauptung von Sigmund Freud, Kopernikus habe die Menschen erniedrigt, als er sie aus der Mitte der Welt herausnahm und in den Himmel hob. Hier waren sie doch näher bei den Göttern, weshalb Kopernikus die Menschen erhöht hat. Dass sich Freuds Ansicht so lange hält, hat mit der Angst zu tun, die Intellektuelle bekommen, wenn sie der Wahrheit der Naturwissenschaften gegenüberstehen. Sie möchten sich darüber erheben, weisen Argumente von sich und werden unerreichbar. So hält sich der Irrtum nicht nur, er verbreitet sich in aller Öffentlichkeit.

Seite 158:

Die von Mendel untersuchte Pflanze verfügt über sieben Chromosomen, und wie man heute weiß, liegt auf jedem von ihnen eines der «Erbelemente» für die Eigenschaften, die er untersucht hat. Mendel verfolgte also die Vererbung der einzelnen Chromosomen, was zu den soliden Zahlen führt, mit denen er seine Regeln aufstellen konnte (und die nachfolgenden Genetiker allzu genau vorkamen, was den Eindruck erweckte, der Mönch habe gewusst, was er suchte, bevor er sich an die Arbeit im Garten machte).

Seite 178:

Ein Mikrofon wandelt die Druckschwingungen von Luftschall in elektrische Spannungsänderungen um. Die ersten Geräte dieser Art wurden im 19. Jahrhundert zusammen mit den Telefonen entwickelt. Man entdeckte dabei, dass zum Beispiel Kohle das Schwingen einer Membran in elektrische Impulse umsetzen kann. Damit konnten Kohlemikrofone konstruiert werden, aus denen nach und nach Kondensatormikrofone wurden, bei denen Schalldruck in Kondensatoren zu einer Änderung ihrer Kapazität führt, was das erwünschte elektrische Signal nach sich zieht, das noch verstärkt werden muss, um über einen Lautsprecher gehört werden zu können.

Seite 180:
Bei einer Schallplatte enthält eine spiralförmig nach innen verlaufende Rille die akustischen Signale, die mit einer Abtastspitze (Nadel) in hörbare Signale zurückverwandelt werden können. Beim Abspielen wird die Nadel ausgelenkt, was über eine Membran und früher mit einem Schalltrichter verstärkt wurde. Heute nutzt man dazu elektronische Elemente, und eine moderne Schallplatte besteht aus einem Kunststoff namens Vinyl. Während man früher fragte: «Analog oder digital?», will man heute wissen: «Vinyl oder digital?» Die mit Vinyl ausgelegten Platten können hörbare Frequenzen präziser wiedergeben als Audio-CDs.

Seite 195:
Den philosophischen Hintergrund zu der Frage mit dem Licht im geschlossenen Kühlschrank (das man durch ein Fotometer messen könnte) bildet die Physik der Atome namens Quantenmechanik, die davon spricht, dass zum Beispiel Elektronen erst dann bestimmte Eigenschaften annehmen, wenn man sie beobachtet. Solange das nicht geschieht, bleiben sie unbestimmt. Einstein wollte deshalb wissen, ob der Mond noch am Himmel steht, wenn niemand hinschaut. Und was ist jetzt mit dem Lämpchen im Kühlschrank, wenn die Tür zu ist?

Danksagung

Ich danke Stefan Bollmann für seinen Vorschlag, über die Fragen zu schreiben, die Menschen sich stellen, wenn sie die Welt verstehen und ihre Wunder erklären wollen. Er wusste, dass kein konventionelles Antwortbuch zustande kommen würde, indem man lesen kann, warum Wasser nass ist und Männer grillen. Er wusste auch, dass mein ausladender Stil viel Mühe des Lektors erfordert. Auch dafür gebührt Stefan Bollmann mein herzlicher Dank.

Anmerkungen

1 Am Ende des fünften Kapitels findet sich ein Vorschlag, wie eine kurze Antwort auf die Frage nach dem Menschen mit Hilfe von Kants Vorgaben lauten könnte.

2 Die Zeilen werden zitiert nach dem Buch «Die verdächtige Pracht», von Peter von Matt (München ²2005, S. 321). Von Matt hat das Gedicht einem Brief entnommen, den Heinrich von Kleist am 1. Februar 1802 einem Freund geschrieben hat, um ihm zu versichern, «der Vers gefällt mir ungemein, und ich kann ihn nicht ohne Freude denken, wenn ich spazieren gehe».

3 Albert Einstein, Mein Weltbild, Berlin 1962, S. 9.

4 Wohlgemerkt: H_2O meint ein Molekül, und das ist nicht flüssig.

5 Seit Kopernikus die Erde aus dem Zentrum der Welt genommen und sie an diesem Ort durch die Sonne ersetzt hat, kann man eigentlich nicht mehr sagen, die Menschen blicken *in* den Himmel. Sie sind doch selbst dort auf ihrer Bahn um die Sonne. Menschen blicken also *vom* Himmel auf die Sterne, die deshalb auch nicht vom Himmel fallen können, wenn man es ganz genau nimmt. Es sieht nur so aus, was aber die Sprechweisen nicht ändern wird. Die Sonne wird weiter untergehen und die Sterne manchmal vom Himmel fallen, wie Menschen es lieben und Märchen gerne erzählen und in diesem Kapitel ausführlich erörtert wird.

6 Aristoteles, Metaphysik, Reinbek 1994, S. 17; 980 a.

7 Wer sich dafür interessiert, kann zum Beispiel bei Wikipedia «Regenbogen» eingeben und sich erkundigen.

8 Bei Wind denkt man an Gerüche, die er mit sich bringt, und so könnte einem die Frage in den Sinn kommen, wie der Kosmos riecht. Tatsächlich haben Radioastronomen im Weltall zwei Moleküle ent-

deckt, die eine Antwort erlauben. Man weiß, dass in den Tiefen des Raums Ethylformat und n-Propylcyanid herumfliegen, und die nimmt eine Nase als Geruch von Rum und Himbeeren wahr. So riecht die Welt.

9 Die in Genf beheimatete Europäische Organisation für Kernforschung heißt CERN, weil sie 1953 von einem französischen Rat gegründet wurde, der sich Conseil européen pour la recherche nucléaire nannte. Kernforschung hat man aber weniger betrieben als Hochenergieforschung mit Teilchenbeschleunigern. Die ersten Maschinen dieser Art entstanden 1957. Das CERN wird von über 20 Mitgliedsstaaten getragen und beschäftigt fast 4000 Mitarbeiter.

10 Aus dem Preußisch Blau kann eine flüchtige Flüssigkeit gewonnen werden, die zwar farblos ist, aber Blausäure heißt, weil sie mit dem Berliner Blau zu tun hat. Blausäure – Cyanwasserstoff – ist extrem giftig, und ihre Wirkung haben nicht nur die Nazis in ihren Konzentrationslagern genutzt, es dient auch zur Schädlingsbekämpfung und hat Eingang in Kriminalromane gefunden.

11 William Boyle, George E. Smith und Charles Kuen Kao.

12 Physiker geben Temperaturen in Grad Kelvin an; im Alltag ist von Grad Celsius die Rede. Die Celsius-Skala fängt mit dem Nullpunkt an, bei dem Wasser zu Eis wird. Die Kelvin-Skala fängt bei dem an, was die Wissenschaft den absoluten Nullpunkt nennt, womit sie eine Temperatur meint, die nicht unterschritten werden kann. In Celsius-Graden liegt sie bei −273,15 Grad. In dieser Kälte kann man die Bewegung von Teilchen nicht mehr weiter reduzieren, auch wenn das schwer vorzustellen ist.

13 Im Dezember 2021 ist ein neues Weltraumteleskop gestartet, das als James-Webb-Teleskop bezeichnet wird und den Kosmos vor allem im Infrarotbereich durchsuchen wird. So hoffen die Astronomen mehr über die Strahlung zu erfahren, die aus der Frühzeit des Universums verblieben ist.

14 Genauer muss es heißen, dass die Erzählung von Horace Walpole den Ausdruck Serendipity in der englischsprechenden Welt bekannt gemacht hat. Bereits im 16. Jahrhundert zirkulierte in Venedig eine Geschichte, die von «Peregrinaggio di tre giovanni figliuoli del re di Serendippo» erzählte und ihrerseits aus einem persischen Märchen aus dem Jahre 1302 hervorgegangen ist. Diese Geschichte und das er-

wähnte Drumherum findet man verlässlich bei Wikipedia unter dem Stichwort «The Three Princes of Serendip».

15 Sehr instruktiv der Artikel «Eine Tonne CO_2» in der Süddeutschen Zeitung vom 27./28. November 2021, S. 38.

16 David B. Morris, Geschichte des Schmerzes, Frankfurt am Main 1994.

17 Antworten in meinem Buch «Das Wunder in deiner Hand», Heidelberg 2020.

18 Lucy Cooke, Bitch – A revolutionary guide to sex, evolution & the female animal, London 2022.

19 Zitiert bei Vaclav Smil, How the World really works, Dublin 2022, S. 171.

20 Vaclav Smil, How the World really works, Dublin 2022, S. 77 ff.

21 Intuition meint hier ein unmittelbar einleuchtendes und ohne Reflexion zustande kommendes Erkennen; intuitiv kann man auch etwas entscheiden, ohne alle Folgen des Handelns vorhersehen zu können. Man folgt seinem Instinkt, wie man auch sagen kann.

22 Einstein wollte, dass Newtons Gesetze der Bewegung materieller Objekte mit den Gesetzen zusammenpassten, die James Clerk Maxwell für die elektromagnetischen Wellen angegeben hatte, mit denen man im 19. Jahrhundert die Ausbreitung von Licht verstehen konnte. Seine Geschwindigkeit tauchte in den Maxwell-Gleichungen als Konstante auf. Als Heinrich Hertz am Ende des 19. Jahrhunderts nachweisen konnte, dass die Maxwell-Gleichungen stimmten, musste Einstein den Hammer an Newtons Gesetze legen und das Denken über Raum und Zeit ändern.

23 An der Pariser Konferenz haben 50 000 Leute teilgenommen. Sie hätten mehr für das Klima getan, wären sie zu Hause geblieben.

24 Teilnehmern an dem Klimagipfel in Glasgow ist aufgefallen, dass am Schlusstag der Generalsekretär der UN zwar erneut vor der kommenden Klimakatastrophe warnte, aber während er sprach, lief in einem Nebenraum die Übertragung des Cricketspiels zwischen Pakistan und Australien. Hieran waren mehr Teilnehmer interessiert. Die Rettung der Welt muss etwas warten – mindestens bis zum Spielende.

25 Wer bei YouTube «Albert Einstein 1930 Funkausstellung» eingibt, kann die Rede auf Video verfolgen.

Literaturhinweise

Zum Anfang

Peter von Matt, Die verdächtige Pracht. Über Dichter und Gedichte, München ²2005, der Beitrag über «Kultur und Geschwindigkeit»

Albert Einstein, Mein Weltbild, Berlin 1962 (und viele weitere Ausgaben)

Ernst Peter Fischer, Einstein für die Westentasche, München 2005

Zur Dunkelheit bei Nacht vgl. Ernst Peter Fischer, Durch die Nacht. Eine Naturgeschichte der Dunkelheit, München 2015

Hans Blumenberg, Die Vollzähligkeit der Sterne, Frankfurt am Main 1997

Rudolf Kippenhahn, Kosmologie für die Westentasche, München 2003

Heinrich von Kleist am 16. November 1800 an das Stiftsfräulein Wilhelmine von Zenge

Jan Assmann, Achsenzeit. Eine Archäologie der Moderne, München 2018

Die Farben der Dinge

Aristoteles, Metaphysik, Reinbek bei Hamburg 1994 (und zahlreiche andere Ausgaben)

Ernst Peter Fischer, Farbsysteme in Kunst und Wissenschaft, Köln 1998

Ernst Peter Fischer, Das große Buch der Physik, Köln 2017

Ernst Peter Fischer, Unzerstörbar. Die Energie und ihre Geschichte, Heidelberg 2014

Ernst Peter Fischer, Einstein für die Westentasche, München 2005

Michel Pastoureau, Blau. Die Geschichte einer Farbe, Berlin 2013

Heinz Berke, Chemie im Altertum. Die Erfindung von blauen und purpurnen Pigmenten, Konstanz 2006

Edward O. Hulburt, Explanation of the Brightness and Color of the Sky, Particularly the Twilight Sky, Journal of the Optical Society of America. Band 43 (2), Februar 1953, S. 113–118

Der Blick zum Himmel

Zur Dunkelheit bei Nacht vgl. Ernst Peter Fischer, Durch die Nacht. Eine Naturgeschichte der Dunkelheit, München 2015

Das Zitat von Olbers ist in dem Wikipedia-Artikel «Olberssches Paradoxon» zu finden, der als Quelle eine Biographie angibt: Wilhelm Olbers. Sein Leben und seine Werke. Im Auftrag der Nachkommen, herausgegeben von C. Schilling, Berlin 1894

Hans Blumenberg, Die Vollzähligkeit der Sterne, Frankfurt am Main 1997

Rudolf Kippenhahn, Kosmologie für die Westentasche, München 2003

Richard Hamblyn, Die Erfindung der Wolken. Wie ein unbekannter Meteorologe die Sprache des Himmels erforschte, Frankfurt am Main 2001

Peter-Matthias Gaede und Jens Rehländer (Hrsg.), Wie laut war der Urknall? Die schönsten Fragen der Woche von GEO.de, Berlin 2003

Lewis C. Epstein, Epsteins Physikstunde – 450 Aufgaben und Lösungen. Basel 31992

Michael Brooks, Die großen Fragen – Physik, Heidelberg 2011

Jan Assmann, Achsenzeit. Eine Archäologie der Moderne, München 2018

Hans Joas und Klaus Wiegandt (Hrsg.), Die kulturellen Werte Europas, Frankfurt am Main 2005

Royston M. Roberts, Serendipity – Accidental Discoveries in Science, New York 1989

Aus dem Leben der Menschen

Ernst Peter Fischer, Das große Buch vom Menschen, München 2017

Ernst Peter Fischer, Die Welt im Kopf, Litzelstetten 1985

Ernst Peter Fischer, Das große Buch der Evolution, Köln 2012

Ernst Peter Fischer und Klaus Wiegandt (Hrsg.), Evolution – Geschichte und Zukunft des Lebens, Frankfurt am Main 2002

Stephen E. Palmer, Vision Science – Photons to Phenomenology, Cambridge 2002

Max Delbrück, Wahrheit und Wirklichkeit in der Wissenschaft, Hamburg 1986

Hans Joas, Die Sakralität der Person. Eine neue Genealogie der Menschenrechte, Frankfurt am Main 2015

Hans Jonas, Das Prinzip Verantwortung. Versuch einer Ethik für die technologische Zivilisation, Frankfurt am Main 2003

Vaclav Smil. How the World really works. Dublin 2022

Rätselhaftes aus der Wissenschaft

Ernst Peter Fischer, Aristoteles, Einstein & Co., München 1995

Paolo Rossi, Die Geburt der modernen Wissenschaft in Europa, München 1997

Mario Biagioli, Galilei, der Höfling, Frankfurt am Main 1999

Ernst Peter Fischer, Kritik des gesunden Menschenverstandes, Hamburg 1989

Thor Hanson, Hurricane Lizards und Plastic Squid, London 2021

Ernst Peter Fischer, Einstein für die Westentasche, München 2003

V. L. Ginzburg, Key Problems of Physics and Astrophysics, Moskau 1976

Werner Heisenberg, Der Teil und das Ganze, München 1969

Rebecca Goldstein, Kurt Gödel. Jahrhundertmathematiker und großer Entdecker, München 2005

David Foster Wallace, Georg Cantor. Der Jahrhundertmathematiker und die Entdeckung des Unendlichen, München 2007

Karl Sabbagh, Dr. Riemann's Zeros, London 2002

Ernst Peter Fischer, Laser. Eine deutsche Erfolgsgeschichte von Einstein bis heute, München 2010

Ernst Peter Fischer, Treffen sich zwei Gene. Vom Wandel unseres Erbguts und der Natur des Lebens, München 2017

Kirsten Schmidt, Was sind Gene nicht? Über die Grenzen des biologischen Essentialismus, Bielefeld 2014

Stefan Buijsman, Ada und die Algorithmen. Wahre Geschichten aus der Welt der künstlichen Intelligenz, München 2020

Thor Hanson, Hurricane Lizards und Plastic Squid, London 2021

Alltägliche Kniffligkeiten

Iris Hammelmann, Warum ist Wasser nass? Alltagsphänomenen auf der Spur, München 2006

Hannelore Dittman-Ilgen, Warum platzen Seifenblasen. Physik für Neugierige, Stuttgart 2002

Robert L. Wolke, Woher weiß die Seife, was der Schmutz ist?, München 1997

Robert L. Wolke, Was Einstein seinem Friseur erzählte – Naturwissenschaft im Alltag, München ^{5}2000

Mich O'Hare (Hrsg,), Warum fallen schlafende Vögel nicht vom Baum?, München 2000

Mich O'Hare (Hrsg.), Was macht die Mücke beim Wolkenbruch?, München 2002

Peter-Matthias Gaede und Jens Rehländer (Hrsg.), Wie laut war der Urknall? Die schönsten Fragen der Woche von GEO.de, Berlin 2003

Karin Truscheit (Hrsg.), Warum grillen Männer? Antworten auf einfach komplizierte Alltagsfragen, Frankfurt am Main (ohne Jahreszahl)

Gabor Paál, Wird ein Flugzeug schwerer, wenn ein Vogel in ihm fliegt?, Stuttgart 2012

Gabor Paál, Warum fallen Wolken nicht vom Himmel?, Stuttgart 2018

Ernst Peter Fischer, Die Welt in deiner Hand. Zwei Geschichten der Menschheit in einem Objekt, Heidelberg 2020

Laurie Winkless, Sticky: The Secret Science of Surfaces, London 2021

Das Fragen nach der Wahrheit

Ingeborg Bachmann, Die Wahrheit ist den Menschen zumutbar, München 2011

Ernst Peter Fischer (Hrsg.), Ist die Wahrheit der Menschen zumutbar?, München 1992

Statt eines Registers:
Verzeichnis der wichtigsten Fragen

Himmel und Erde

Warum ist der **Blick** in den Himmel stets ein Blick in Zeit und Raum? 52 ff.

Warum ist es nachts **dunkel**? 14 f., 50 ff.

Weshalb erscheint auch die **Erde** vom Himmel aus betrachtet als blau? 26

Warum sind das **Meer** und der **Himmel** blau? 21, 24 f., 41 f.

Welche **Objekte** oder **Erscheinungen** lassen sich am Himmel außer Wolken, Planeten und Sternen ausmachen? 76 ff.

Warum sind **Wolken** weiß? 25

Was wiegen **Wolken**? 67 ff.

Weshalb fallen **Wolken** nicht auf die Erde hinab? 67

Wie können **Wolken Blitze** auf die Erde schleudern? 67 ff.

Wie kommt es zur Bildung von **Wolken**? 70 ff.

Sonne, Mond und Sterne

Wie ist die **Astrologie** entstanden? 57 ff.

Welche Konsequenzen hat die sogenannte **Kopernikanische Wende**? 82 f., 214

Welchen Einfluss hat der **Mond** auf das Leben? 72 ff.

Warum gibt es verschiedene **Mondphasen**? 74 f.

Warum sehen wir immer nur eine Seite des **Mondes**? 75 f.

Warum wirkt die **Sonne** tagsüber gelb? 25

Warum leuchtet die **Sonne** als Feuerball abends über dem Horizont rot? 25

Wie kommt es zu einer **Sonnenfinsternis**? 72

Welche **Sterne** sind in welcher Anordnung zu sehen? 60

Woher wissen Astronomen, wie weit die **Sterne** von der Erde entfernt sind? 62 ff.

Pflanzen und Tiere

Was lässt **Blätter** im Sommer grün leuchten? 30 f.

Was hat es mit der **blauen Blume** der Romantik auf sich? 41, 44

Welche **Farben** sehen Tiere, die Menschen als Rot, Grün, Blau bezeichnen? 38 f.

Was ist ein **Gen**? 158 ff.

Wie bringen **Gene** das Leben hervor? 158 ff.

Wieso färbt sich das **Laub** im Herbst bunt? 30 f.

Welche Auswirkungen hat die Austrocknung von **Mooren**? 150 f.

Verfügen **Pflanzen** über ein Gehirn und/oder Gefühle? 200 ff.

Wie kommen die Farben von **Schmetterlingsflügeln** und **Vogelfedern** zustande? 47

Weshalb behalten **Tannenbäume** in der kalten Jahreszeit die grüne Farbe ihrer Nadeln? 204

Mathematik und Physik

Welche Bedeutung haben **Algorithmen**? 170 ff.

Weshalb fallen **Dinge** nach unten? 15, 137 ff.

Was ist **Energie**? 26 ff., 32 ff., 45, 156 f., 163, 176

Wie lässt sich **Energie** speichern? 148

Lässt sich die **Erwärmung** der Erde auf 1,5 Grad beschränken? 151 ff.

Wie kommt ein **Gravitationsfeld** zustande und wie wirkt es? 140 f.

Gibt es **Gravitationswellen**? 154

Was ist **Licht**? 13, 19 ff., 28 ff., 34 ff., 142 ff., 154 ff., 216

Welche Auswirkungen hat **Kohlendioxid**? 83 ff.

Wie viele **Primzahlen** gibt es? 141 f.

Welche Prozesse spielen sich bei **Reibungen** von Gegenständen ab? 206 f.

Kann es bei Atomen auch zu **Reibungen** kommen? 207 f.

Was versteht man unter dem Begriff **Schwerkraft**? 140

Lassen sich bei den Zahlen Formen von **Unendlichkeit** unterscheiden? 143 ff.

Was ist **Wasser**? 13

Warum ist **Wasser** nass? 93 ff.

Menschen

Wie funktionieren die **Augen** des Menschen? 106 f., 181 f.

Warum fallen die **Augen** bei Müdigkeit zu? 122

Wie entwickelt sich menschliches **Bewusstsein**? 167 ff.

Weshalb sieht das **Blut** des Menschen intensiv rot aus? 30

Weshalb ist sogar das **Blut** in Sonderfällen blau? 30 f.

Welche Auswirkungen haben **Drogen** und **Rauschmittel**? 187 ff.

Wann und wodurch **erröten** Menschen? 103 ff., 108

Warum schlafen Menschen vor dem **Fernseher** ein? 123 f.

Wie viele **Gene** hat ein Mensch? 158 ff., 163 ff., 214

Welche Auswirkungen haben **Gene** auf Krankheiten? 162 ff.

Was ist das **Genomprojekt** und was erhofft man sich daraus? 160 ff.

Wozu gibt es mehrere **Geschlechter**? 98 ff.

Weshalb spielen Menschen so gerne mit ihren **Handys**? 96 ff.

Warum nimmt weiße **Haut** bei Sonnenschein die Farbe Braun an? 36 f.

Was sorgt bei Menschen für unterschiedliche **Hautfarben**? 109 ff.

Wie entsteht **Hautkrebs**? 111 ff.

Weshalb **lachen** oder **lächeln** die Menschen? 114 ff., 118 f.

Wie erfolgt der Übergang vom **Lächeln** zum **Lachen**? S. 116 f.

Weshalb **lachen** Menschen gerne in **Gesellschaft**? 118

Kann man die **Luft** so lange anhalten, bis man tot umfällt? 114

Frieren **Mädchen** tatsächlich schneller als **Jungen**? 94

Weshalb verhalten sich **Männer** anders als **Frauen**? 94 ff., 98

Was müssen Menschen bei den **Mahlzeiten** zu sich nehmen, um gesund zu leben? 198 ff.

Wie sind die **Menschenrechte** entstanden? 127 ff.

Welche Unterschiede gibt es zwischen **natürlicher Schlauheit** und **künstlicher Intelligenz**? 167 ff.

Warum kann man seine **Ohren** nicht schließen? 124

Wozu dient die **Pubertät**? 95 f., 98

Wie kommen **Schmerzen** zustande und wozu nützen sie? 91 ff.

Weshalb können Menschen **schwitzen**? 102

Welchen Zweck erfüllt der **Stimmbruch**? 95

Warum gibt es **Tränen**? 119, 122

Können Menschen die **Wahrheit** aufspüren und ihr gegenübertreten? 210 ff.

Ist die von einem Menschen erkannte **Wahrheit** anderen zumutbar? 210 ff., 215 ff.

Warum wollen Menschen etwas **wissen**? 17

Weshalb ist **Zucker** süß? 87 ff.

Warum klebt **Zuckerwasser** an den Fingern, Wasser hingegen nicht? 93

Farben und andere Naturphänomene

Was lässt **Blätter** im Sommer grün leuchten? 30 f.

Was hat es mit der **blauen Blume** der Romantik auf sich? 41, 44

Weshalb sieht das **Blut** des Menschen intensiv rot aus? 30

Weshalb ist sogar das **Blut** in Sonderfällen blau? 30 f.

Wie kommen die Farben auf den **Displays** der Computer und Smartphones zustande? 45

Wieso kann man auf einer **Eisfläche** ausrutschen und **Schlittschuh** laufen? 204 f.

Weshalb erscheint auch die **Erde** vom Himmel aus betrachtet als blau? 26

Wann und wodurch **erröten** Menschen? 103 ff., 108

Warum nimmt weiße **Haut** bei Sonnenschein die Farbe Braun an? 36

Was sorgt bei Menschen für unterschiedliche **Hautfarben**? 109 ff.

Weshalb wird der **Jetstream** in Kreisen der Forschung kontrovers diskutiert? 150

Wieso färbt sich das **Laub** im Herbst bunt? 30 f.

Wer sorgt für das **Magnetfeld** der Erde? 27

Warum sind das **Meer** und der **Himmel** blau? 21, 24 f., 41 f.

Wie entstehen **Polarlichter**? 26 f.

Wie viele Farben hat ein **Regenbogen**? 18 ff.

Wie kommen die Farben von **Schmetterlingsflügeln** und **Vogelfedern** zustande? 47

Warum wirkt die **Sonne** tagsüber gelb? 25

Warum leuchtet die **Sonne** als Feuerball abends über dem Horizont rot? 25

Wie kommt es zu einer **Sonnenfinsternis**? 72

Weshalb behalten **Tannenbäume** in der kalten Jahreszeit die grüne Farbe ihrer Nadeln? 204

Welche Farben sehen **Tiere**, die Menschen als Rot, Grün, Blau bezeichnen? 38 f.

Warum ist das **Wasser** blau? 26

Wie kommt es zur Bildung von **Wolken**? 70 f.

Warum sind **Wolken** weiß? 25

Warum fallen **Wolken** nicht vom Himmel? 67 f.

Technik

Wer hat die **Atombombe** erfunden? 156 ff.

Wie kommen die Farben auf den **Displays** der Computer und Smartphones zustande? 45

Weshalb spielen Menschen so gerne mit ihren **Handys**? 96 ff.

Wie sind die **Kohlenflöze** entstanden? 185 f.

Wie funktionieren **Kühlschränke**? 195 ff.

Wie wird die **Musik** im Smartphone gespeichert? 177 ff., 179

Wie funktioniert ein **Spiegel**? 182 ff.

Wie kann **Telefonieren** drahtlos gelingen? 175 ff.

Wie funktioniert ein **Touchscreen** beim Smartphone? 181 f.